THOMAS KÄSBOHRER

Das Rätsel der Orcas

Wie Orcas sich das Meer zurückholen.
Warum sie Boote angreifen.

millemari.
BIBLIOTHEK DER EXTREME

Inhalt

„Der liebe Gott steckt im Detail.“

Ludwig Mies van der Rohe, Architekt

(nach Aby Warburg)

Jede der nachfolgend beschriebenen Begegnungen
mit Schwertwalen, die man auch Orcas nennt,
hat sich so tatsächlich ereignet.

Bei der Rekonstruktion der Geschehnisse habe ich mich strikt an die Details gehalten, wie sie die Betroffenen mir in Telefonaten und persönlichen Begegnungen geschildert haben und wie es im vielfach überlassenen Videomaterial zweifelsfrei erkennbar war.

Ausschlaggebend war der Wortlaut der Befragten,
denen ich für das überlassene Material,
ihr Vertrauen und ihre Mitarbeit zu Dank verpflichtet bin.

Teil 1: Stillhalten und Gegenwehr.

Kapitel 1.

Acht Minuten. Eine Ewigkeit.

Freitag, 16. September 2022.
21 Seemeilen westlich Vigo, Nordspanien,
Vormittag 10:10 Uhr.

Später werden sich Frank Rathke und seine Begleiterin erinnern. Wie in der Nacht, bevor der Orca kam, überall Delphine ums Schiff herumschwammen. Unglaublich viele Delphine. Dass sie im Mondlicht den Delphinen zusahen, wie sie vorne in der Bugwelle des Schiffes spielten und mitschwammen. Wie sie die Tiere atmen hörten in der Nacht, wenn sie neben dem Boot auftauchten und nach oben äugten. Sie schienen überall um das Boot herum zu sein. Sie sagten sich: „Wo Delphine sind, sind keine Orcas." So hatten sie es irgendwo gelesen.

Frank Rathke hat sich gründlich vorbereitet auf seinen langen Törn. Im Mai ist er in Heiligenhafen in der Ostsee losgesegelt, ist durch den Nord-Ostsee-Kanal und über die Nordsee in die Bretagne und von dort ins nordspanische A Coruña gereist. Sein Ziel ist Malaga im Mittelmeer. Zuhause leitet er einen Betrieb mit 20 Mitarbeitern, weshalb er die lange Reise in Teilstrecken geplant hat, um nach jeder Etappe wieder an seinen Schreibtisch im bayrischen Voralpenland zurückzukehren. Schon vor der Reise ist ihm bewusst, dass er unterwegs Orcas begegnen könnte. Er hat alles darüber gelesen, was er an Informationen finden konnte.

Er weiß, dass Orcas zwar zur Ordnung der Wale, aber zur Familie der Delphine gehören. Dass Orcas die größten Delphine sind, die es auf dem Planeten gibt. Dass sie Säugetiere sind wie der Mensch und wie er an den Küsten aller sieben Kontinente anzutreffen sind, was sie nach dem Menschen zu dem Säugetier macht, das am weitesten – wenn auch nicht am zahlreichsten – verbreitet ist. Er weiß, wie er sich zu verhalten hätte, sollten Orcas seinem Boot gefährlich werden.

Frank Rathke erinnert sich daran, dass der Tiefenmesser in der Nacht vor der Begegnung vor Vigo merkwürdigerweise mehrfach eine Wassertiefe von 2 bis 3 Metern anzeigte, obwohl die See unter ihnen doch 200 Meter tief war. Ob da in der Dunkelheit vielleicht schon ein Orca unter dem Boot herumgestrichen war? Könnte noch etwas anderes aus der Tiefe an die Oberfläche gekommen sein? Ein Schwarm Fische unter dem Boot hätte niemals diese Fehlermeldung produziert.

Am Abend zuvor sind sie mit gutem Wind aus Nordwest von A Coruña ausgelaufen und rasch südwärts durch die Nacht gesegelt, bis am frühen Morgen der Wind einschlief. Als der Skipper in der Dämmerung die Wache übernimmt, beschließt er nach einem Blick in den Wetterbericht, die Küste hinter sich zu lassen und unter Motor weit hinaus auf den Atlantik zu steuern, wo der Wetterbericht ihm Wind verspricht.

Gegen 10 Uhr morgens sind die Delphine verschwunden. Das Boot läuft immer noch unter Motor Kurs West, als es plötzlich durch einen harten Schlag gestoppt wird. Ist es auf einen treibenden Baumstamm geknallt? Dann entdeckt er den schwarz glänzenden Rücken eines Orca neben sich auftauchen. Ein weiblicher Orca, vermutet er erst wegen der kurzen gebogenen Finne am Rücken. Doch weil das Tier allein ist, könnte es auch ein einzelner Jungbulle sein. Bei ihnen bildet sich die Rückenflosse erst in späteren Jahren zu jenem 1,80 Meter hohen Schwert aus, das den Orcas den Namen Schwertwal verlieh. Der Skipper stellt sofort die Maschine ab und hastet unter Deck, um sämtliche Geräte inklusive Navigation und Echolot zu deaktivieren. Alles sollte ausgeschaltet sein, so hat er es in den offiziellen Empfehlungen der spanischen Behörden gelesen. Dann greift Rathke nach seinem Handy und filmt den schwarzen Rücken mit der Finne, wie er gemächlich und ruhig aus dem tiefen Blau auftaucht. Wie das Tier langsam gleitend eine Wolke feuchter Atemluft nach oben schnaubt. Luft holt. Und gemächlich wieder abtaucht.

Frank Rathke und Martina Loch sind gefasst und so ruhig, wie es offenbar auch das 5 bis 6 Meter lange Tier wenige Meter neben ihnen ist. Martina Loch war Surf-Weltmeisterin und Betreiberin einer Segelschule am Gardasee. Sie kennt das Meer, hat einmal fast die Welt umsegelt. Frank Rathke vertraut seinem Schiff, auch wenn er erst seit sieben Jahren passioniert segelt. Ihre Yacht ist keine Nussschale, sondern ein Brocken von über 16 Metern Länge, lang und schwer wie ein Kippsattelzug. Sie treibt jetzt langsam durch die schwachwindige See, als die beiden vom Heck des Bootes aus beobachten, wie sich der massige schwarze Körper langsam, ganz langsam, von hinten unter sie schiebt, als kenne er nur ein Ziel: das Ruder der Yacht.

„Weg vom Ruder, von den beiden Steuerrädern links und rechts“, warnt Rathke seine Begleiterin. Er fürchtet, dass Martina sich die Hand verletzen könnte, wenn sie zwischen die Speichen des sich drehenden Rades geriete, sobald das Tier unten am Ruderblatt rütteln würde.

Sie beobachten die ruhigen Flukenbewegungen, mit denen sich der Schwertwal fast zärtlich tastend von hinten dem Ruder nähert. Deutlich können sie jetzt aus nächster Nähe die weißen Zeichnungen auf dem schwarz glänzenden Leib des Tieres erkennen. Die beiden großen weißen Flecken seitlich am Kopf hinter den kleinen Augen, die jedem Orcakopf ein fast niedliches Aussehen verleihen. Den grauen Fleck hinter der Rückenfinne, der von oben wie ein Sattel aussieht. Und wie das astrologische Zeichen für Widder. Unter ihren Füßen dreht sich der Orca nun in Zeitlupe langsam seitwärts und zeigt seinen schneeweißen Bauch.

Dann hält das Tier überraschend inne. Seine ruhigen Bewegungen mit der Fluke, der schreibtischgroßen Schwanzflosse, stocken in der Drehung. Ein Laut entfährt dem Skipper. „Oh fuck!“ Er sagt es nicht in Panik, sondern wie ein Trainer, der weiß, dass sein Team gleich ein Gegentor kassiert. Er und seine Begleiterin sehen, dass der Schwertwal gerade dabei ist, seine mächtigen Kiefer um das über 2 Meter tiefe Spatenruder des Schiffes zu schlagen. Dann verfolgt die Kamera, wie schlagartig Bewegung in das massige Tier kommt. Wie die Schläge mit der Fluke kräftiger, dann aggressiv werden. Wie der 6 Meter lange Schwertwal all seine Körperkraft einsetzt, um das große Bauteil des Schiffes wegzureißen. Plötzlich verwackelt das Bild, als würde das Schiff erbeben. Wasser wirbelt auf, wo eben noch die Schwanzflosse arbeitete.

Dann liegt die See wieder ruhig da. Die Kamera folgt dem Orca, der ruhig und langsam, unendlich langsam, nach Steuerbord, zur rechten Seite des Schiffes, abdreht. Wie er seelenruhig auftaucht, als wolle er sich von dem gerade begangenen Kraftakt erholen, um kurz darauf tief schnaubend Atem zu holen. Einmal. Dann ein weiteres Mal. Ein wütendes, platzendes Schnauben beim Ausatmen verrät, dass sein Verhalten nicht nur ein Spiel sein kann. Ob es Erregung ist, Anstrengung oder Aggression, das weiß Frank Rathke nicht.

Ein weiteres Mal holt das Tier fast lässig Schwung. Nähert sich wieder dem Boot. So konzentriert, so fließend, als hätte es genau diese Abfolge „Zweimal atmen. Schwung holen. Das Boot bedrängen“ schon lange geplant. Kein Zaudern. Auf Kielhöhe taucht es unter das Boot, hält inne. Wieder hält die Kamera den kraftvollen Flukenschlag fest, der das Wasser aufschäumen lässt. Dann stoppt die Aufnahme. Schwärze.

Später erzählt Martina Loch, dass der Orca in diesem Moment die schwere Yacht einmal vollständig im Kreis drehte, als wäre sie ein Badewannenentchen. Drei Mal drückt er das tonnenschwere Schiff im Kreis herum. Dann sieht Martina unter dem Heck Trümmer des Ruders auftreiben, und sie wird sagen, dass dies der schlimmste Moment ihrer Begegnung mit dem Orca war.

Wie lange dieser Moment dauert, darüber sind sich die beiden uneins. „Maximal acht Minuten“, sagt Frank Rathke. „Eine Ewigkeit“, erinnert sich Martina Loch.

Noch einmal taucht der Orca schnaubend auf. Dann sind die beiden allein mit sich und dem Geräusch des schlagenden Segels.

Sie warten noch eine Weile auf ihrem treibenden Schiff in der stillen See. Sie wissen nicht, wie schwer ihr Ruderblatt beschädigt ist und ob sie das Schiff noch steuern können. Schließlich geht Frank Rathke unter Deck, schaltet die Instrumente an, startet die Maschine und schafft es, die vier Stunden entfernte nordspanische Hafenstadt Vigo anzulaufen, wo er das Schiff aus dem Wasser kranen lässt. Was vom Ruderblatt übrig ist, ist der Länge nach gespalten wie die Hälften einer Hülsenfrucht. Die linke Hälfte fehlt fast völlig.

Als Rathke das Video zur Warnung im Netz veröffentlicht, erhält er zahlreiche Kommentare: „Sie soll aufhören damit, ihre Schnauze ist schon ganz kaputt und überall Narben am Kopf“, schreibt einer.

Tatsächlich sind im Video an Schnauze und Kopf des Orcas ungewöhnliche weiße Stellen zu erkennen. Ob es wirklich Narben sind, woher sie stammen und ob sie die Spuren splitternder Ruderblätter sind, bleibt ein Rätsel.

Kapitel 2.

Anfänge.

Sonntag, 23. Mai 2021.
5 Seemeilen westlich Barbate, Südwestspanien, 16:35 Uhr.

Für einen Wimpernschlag meint Cornelius Büchner, eine schwarze Flosse in den Wellen gesehen zu haben. Ein kurzer Augenblick, dann ist die Flosse wieder verschwunden und Büchner genießt weiter den sonnigen Nachmittag auf See. Er ist mit seinem Sohn und dessen Freund vor dem deutschen Lockdown-Frühling geflohen und zum ersten Mal seit zwei Jahren wieder auf seinem Segelboot unterwegs.

Von Gibraltar aus sind sie der Westküste der Iberischen Halbinsel nordwärts gefolgt. An Barbate, Trafalgar und Cadiz vorbei sind sie bis zur spanisch-portugiesischen Grenze gesegelt, wo die Algarve beginnt. Dann fuhren sie 30 Kilometer landeinwärts auf dem kaum bekannten Grenzfluss Guadiana, wo sie herrliche Tage verbrachten, und befinden sich an diesem Sonntag auf dem Rückweg nach Gibraltar. Ein freundlicher Nordwestwind treibt sie nach Süden. Cornelius Büchner spürt bereits den starken Sog des Mittelmeers, der schon weit vor der Meerenge einsetzt. Weil durch Verdunstung der Wasserspiegel des Mittelmeers konstant über einen Meter niedriger als der des Atlantik liegt, schieben pro Sekunde eineinhalb Millionen Kubikmeter Meerwasser an der Oberfläche durch das 15 Kilometer breite Nadelöhr von Gibraltar ins Mittelmeer. In vier Monaten entspricht dieser Zufluss der Wassermenge der Ostsee.

Cornelius Büchner hat zwar von Orca-Begegnungen und beschädigten Rudern nahe der Straße von Gibraltar gelesen, aber zu diesem Zeitpunkt sind es Einzelfälle. Und weil die Flosse, die er gerade gesehen hat, kein zweites Mal auftaucht, denkt er nicht weiter über seine Beobachtung nach.

Eine Dreiviertelstunde später wird er sicher sein, dass es ein Orca war. Der vielleicht nur unsichtbar blieb, um andere Orcas herbeizuholen. Ein ungeheurer Schlag hat sein Schiff getroffen. Sein Boot wird erst am Ruder und dann am Kiel gestoßen. Die Segel sind noch oben, als er ohnmächtig zusehen muss, wie sein Schiff sich plötzlich langsam wie auf einem Teller dreht, als gäbe es keinen Wind, als wäre sein Steuerrad durch ein unsichtbares Lenksystem ersetzt. Jetzt erst bemerkt er die schwarzen Umrisse mehrerer Schwertwale im sommerlich tiefblauen Wasser, registriert einen Satz, den sein Gehirn ausspuckt: „So schnell kann ich nicht schauen, wie die das Schiff drehen."

Er eilt unter Deck ans Funkgerät über dem Kartentisch. Im Bauch des Schiffes nur Zentimeter neben seinem Kopf die harten Schläge und Stöße der aggressiven Tiere zu spüren, wird ihm in Erinnerung bleiben.

Er weiß zu diesem Zeitpunkt nicht, dass er Mitgliedern der Population der sogenannten Orca Iberica begegnet ist, einer Gruppe von 40 bis 50 Orcas, die vorwiegend im Sommerhalbjahr entlang der Küste westlich von Gibraltar zuhause ist. Vielleicht weiß er, dass es anfangs nur drei Tiere dieser Gruppe waren, die im Juli 2020 begannen, keinen Bogen mehr um Boote wie bisher zu machen und stattdessen ihre Ruder lahmzulegen. Er kann nicht ahnen, dass sich die Zahl beteiligter Orcas bis 2022 auf mindestens 16 Tiere dieser Gruppe erhöhen und sich ihre Ruderattacken über fast 2.000 Kilometer Länge von Gibraltar bis zur Bretagne erstrecken werden.

All das weiß der Skipper zu diesem Zeitpunkt nicht. Er hätte auch keine Zeit, darüber nachzudenken. Er setzt einen Dringlichkeitsruf ab, eine Pan-Pan-Meldung – das internationale Meldezeichen für eine Panne am Schiff. Ein Mayday-Notruf würde die Seerettung alarmieren. Rettungsboote würden auslaufen, Helikopter aufsteigen, Frachter in der Straße von Gibraltar würden Kurs auf ihn nehmen. Die ganze Maschinerie zur Rettung eines Menschenlebens auf See würde anlaufen. Mayday, das Kürzel des französischen Hilferufs „Helft mir!“, wird erst dann gefunkt, wenn ein Schiff sinkt oder ein Mensch im Wasser treibt. Noch ist es nicht so weit, auch wenn die Schläge und Stöße an der Bordwand brutal sind.

Über Funk erteilt ihm die Küstenwache den scheinbar merkwürdigen Rat, sofort die Segel herunterzunehmen, die Maschine abzustellen und alle Fahrt aus dem Schiff zu nehmen. Als erfahrener Skipper ist er skeptisch, beraubt er sich doch damit der einzigen Möglichkeit, die seiner Yacht zur Abwehr bleibt: der Flucht in einen Hafen. Er hört weiter zu, wie die Küstenwache ihm empfiehlt, sich samt Crew klein zu machen im Cockpit, nicht hin- und herzulaufen und vor allen Dingen unsichtbar und ruhig zu bleiben, sämtliche elektronischen Geräte abzustellen sowie das Ruder nicht mehr anzufassen, sondern frei laufen zu lassen.

Sich tot stellen solle er, wie man es bei einem Grizzly macht, damit dieser das Interesse verliert. Die Küstenwache versichert ihm, dass die Orcas schnell verschwinden würden, wenn er diese Anweisungen befolge. Doch die letzte Entscheidung auf See hat immer der Skipper. Cornelius Büchner muss eine Entscheidung treffen.

Als Büchner wieder an Deck ist, steht sein Sohn am Steuer. „Es sind sechs“, ruft er atemlos. Eine Smartphone-Kamera hält den Augenblick fest, irrt über die glänzend schwarzen Tierleiber, die neben und hinter ihrem schnelllaufenden Schiff auftauchen. Büchner überlegt. Anhalten? Ein noch besseres Ziel abgeben für die Orcas, die weiter versuchen, das Ruder zu rammen? Er beschließt, dem Rat der Küstenwache zu folgen, aufzustoppen, um die beiden Segel fallen zu lassen und den Motor abzustellen. Wenige Minuten später liegt das Boot nun wehrlos in den Wellen. Nicht allen an Deck fällt es leicht, sich im Cockpit klein und unsichtbar zu machen, während die Orcas am Heck weiter auf das Ruder zielen. Einer der Segler ist über 2 Meter groß.

Keine vier Minuten vergehen, dann sind die Orcas fort. Cornelius Büchner ist beeindruckt. So einfach funktioniert das? Keine Gegenwehr zu leisten, die Flukenschläge und Kopfstöße der Tiere still zu ertragen, das schien ihm wenig überzeugend. Jetzt ist er begeistert, die Küstenwache hat ihm keinen Unsinn erzählt. Funktioniert das immer so? Geht jede Begegnung mit Orcas so glimpflich aus?

Und vor allem: Was bezwecken die Orcas mit ihren Angriffen auf Boote? Wollen sie sich die Orcas das Meer zurückholen?

Kapitel 3.

Untergang.

Dienstag, 1. November 2022. 14 Seemeilen westlich Viana do Castelo, Nordgrenze Portugal-Spanien, 10:30 Uhr.

Als die Orcas an diesem Vormittag neben dem Boot erscheinen, denkt Augustin Drion sich zunächst wenig. Er nimmt es gelassen. Vielleicht hat ihm sein bisheriges Leben irgendein Erlebnis, irgendeine Erfahrung beschert, die ihm den Gedanken eingibt: „Okay, sie spielen halt jetzt hier ein paar Minuten herum und dann verschwinden sie wieder."

Warum auch immer Augustin so denkt, welche seiner Erfahrungen den 29-jährigen Meeresbiologen dazu bringen: Er wird nicht richtigliegen.

Sie sind zu viert von Morbihan in der Bretagne losgesegelt. Corentin, der Skipper, hat sein Schiff, die SMOUSSE, gründlich vorbereitet auf den langen Törn in die Karibik. Man weiß nie, was einem in der Weite des Atlantiks in die Quere kommt. Daher hat er für den dreiwöchigen Trip über den Atlantik neben vielen anderen Dingen auch das leicht lädierte alte Ruder der 2002 gebauten Yacht durch ein stärkeres ersetzt.

Das Ruder ist das empfindlichste Bauteil einer Yacht. Bricht es bei der Kollision mit Treibgut, einem schlafenden Wal oder einem driftenden Container, ist das Boot nicht mehr steuerbar. Ersatz ist nicht an Bord. Ein Segler kann sich in dieser Situation nur wie Robinson Crusoe behelfen, indem er aus Brettern und einer langen Stange, aus Teilen, die er an Bord findet, ein Notruder zimmert. Alles darf ausfallen. Nur ein Ruder nicht.

Neben dem Skipper ist Augustin der zweite Mann, er stößt erst zwei Wochen vor der Abreise zum Team, weil er segeln kann. Während seines Studiums hat er sich mehr mit der Flora des Meeres beschäftigt, nebenbei Segelunterricht gegeben und später einige Zeit als Meeresbiologe in Afrika in Fischereibetrieben gearbeitet.

Bereits die Überquerung der Biskaya schlaucht die Crew der SMOUSSE und bringt sie an ihre Grenzen. Sie haben Gegenwind, quälen sich entnervt stundenlang auf offener See durch Gewitterböen und Blitze. Als sie A Coruña endlich erreichen, sind sie erleichtert, das Schlimmste hinter sich zu haben. Jetzt brauchen sie nur noch guten Wind, der sie entlang der Küste nach Süden bringt. Sie warten.

An jenem Dienstag hat Augustin die Morgenwache von 6 bis 8 Uhr. Er freut sich, allein an Deck zu sein. Ein sonniger Tag bricht an, nur der Wind, der seit dem Ablegen gestern endlich aus der richtigen Richtung wehte, ist heute eingeschlafen. Das Meer ist ruhig an diesem Morgen. Eine leichte Dünung lässt das Boot schaukeln, während die anderen noch nicht ganz wach sind.

Gegen 10 Uhr tummeln sich Delphine am Boot. Eine ganze Delphinschule spielt ringsum, die Ausgelassenheit ihres Spiels steckt die vierköpfige Crew an, während die SMOUSSE unter Maschine weiter südwärts Richtung Lissabon strebt. Die Delphine halten mühelos mit dem Boot mit, tauchen albernd ab, kleben eng aneinandergeschmiegt Zentimeter vor dem Bug, zeigen ihre Kunstfertigkeit als elegante Schwimmer, die mit einem winzigen Flukenschlag mühelos dem Schiff davonpreschen. Es sind federleichte Augenblicke für die Crew, wie immer, wenn Delphine mit Menschen interagieren. Doch so plötzlich, wie sie kamen, sind sie auch wieder fort.

Zwei Stunden später beschließt Augustin, endlich unter Deck zu gehen, um zu lesen. Er ist noch nicht unten, als ein brutaler Knall im Heck das Boot erschüttert. Er spürt das Vibrieren, hastet zurück an Deck, wo auch der Skipper ist. Augustin zählt fünf bis sechs schwarz glänzende Tierleiber um das Boot. Er spürt, wie sie mit längeren Pausen abwechselnd das Ruder oder den Rumpf rammen. Erst nimmt Augustin ihre Anwesenheit gelassen, der Skipper und er müssen nicht lange überlegen, was zu tun ist. Sie stellen Maschine und Instrumente ab, wie die spanischen Behörden es in ihren Sicherheitsprotokollen für die Begegnung mit Orcas empfehlen.

Aber das hilft gar nichts. Die Orcas machen mit dem Boot weiter, was sie wollen. Packen das Ruder, rammen das wenige Zentimeter starke Ruderblatt, das wie ein Brett zwei Meter in die Tiefe ragt. Drehen das Boot mit ihrem schweren Kopf, den sie an der Bordwand ansetzen. Unter dem 70 Quadratmeter großen Segel geradeaus Kurs zu halten, ist nicht mehr möglich. Die Crew birgt das große Tuch. Augustins anfängliche Gelassenheit weicht der Frustration, zur Untätigkeit verdammt zu sein. Wenigstens hat er Zeit, sich die Orcas genauer anzusehen und ihr Verhalten zu beobachten. Ein kleinerer Orca ist dabei, Nachwuchs offensichtlich, und Augustin wundert sich, wo wohl die Mutter des Kleinen ist. Nicht alle Orcas beim Boot sind Halbwüchsige, Wissenschaftler nennen sie juvenile Tiere. Er registriert, dass die Größeren unter ihnen etwa die Hälfte des 12 Meter langen Segelbootes messen und schätzt die anderen auf 4 Meter Länge. Er spürt, wie sie fester agieren und auf das Ruder zielen. Wollen sie die Yacht drei Stunden vor der Küste bewegungsunfähig machen?

Langsam wird ihm unheimlich, wie unbeirrt die Orcas auf das Ruder der SMOUSSE fixiert sind. Wie ein Orca sich anpirscht, das Ruder ins Maul nimmt und daran rüttelt. Wie sich sofort ein zweiter nähert und weiterrüttelt, kaum dass der erste von seinem Tun abgelassen hat und pausiert.

Augustin hat Erfahrung mit Großtieren, ist lange Jahre geritten, kennt Pferde und ist mit einem großen Labrador aufgewachsen, er kennt ihr ruppiges Herumtollen. Aber ihm ist auch klar: Was jetzt gerade vor sich geht, ist nicht zu vergleichen mit dem ausgelassenen Spiel der Delphine, an dem die Crew noch kurz zuvor ihre Freude hatte. Vielleicht ist es Hoffnung, vielleicht das sprichwörtliche Pfeifen im Keller, als Augustin sich denkt: „Okay, sie spielen halt jetzt hier ein paar Minuten herum und verschwinden dann schon."

Seine Hoffnung verfliegt, als der kurze, staubtrockene Laut berstenden Materials an seine Ohren dringt. Wer auf einem Boot unterwegs ist, ist mit allen Sinnen unterwegs. Wird nervös, wenn vertraute Töne ausbleiben und ungewohnte Geräusche auftreten, selbst wenn sie harmloser Natur sind. Jedes ungewohnte Knacksen, jeder Laut kann ein Hinweis sein, dass etwas nicht in Ordnung ist. Ein Boot ist eine Lektion, allem und jedem nachzugehen, auch wenn es nur ein kleines Geräusch ist. Augustin ist alarmiert. Er und Corentin, der Skipper, hasten unter Deck, um nachzusehen.

In einer der hinteren Kabinen fällt den beiden sofort die beschädigte Rückwand auf, Wasser sickert hervor. Als Augustin hektisch nachsieht, entdeckt er einen Riss unten im Rumpf. Der Riss ist dort, wo zuvor die Halterung des Ruders am Rumpf fixiert war. Das Material ist gebrochen und zersplittert. Augustin und der Skipper haben nur eine Erklärung: Mit der Wucht einer Brechstange haben die Rammstöße ans Ruder den Rumpf unter dem Wasserspiegel aufgebrochen. Ein 80 Zentimeter langer Riss klafft. Wo das Ruder befestigt war, quillt jetzt Meerwasser ins Boot. Die wenige Millimeter dünne Außenhaut, die sie vor den Wellen des Atlantiks trennt, ist schwer beschädigt. Sie müssen etwas unternehmen, sonst wird das Schiff sinken.

Aber die Brechstange ist mit ihrer Arbeit noch nicht am Ende. Wenige Zentimeter unter Augustin arbeiten die Orcas weiter, zerren, rütteln und drücken immerfort am Ruderblatt. Ihre Kraft überträgt sich auf die nun lose Ruderhalterung. Wie ein Hebel vergrößert sich das Leck im Rumpf mit jedem Rütteln. An ein Abdichten des Lecks nahe der um sich schlagenden Konstruktion ist für die Crew nicht zu denken. Schon gar nicht wegen der Gefahr, getroffen und verletzt zu werden. Sie beschließen, die Seenotrettung zu verständigen und um Hilfe zu rufen.

Ihr erster Notruf erreicht die Helfer um 12:05 Uhr. Ein Video zeigt, wie das Wasser zu diesem Zeitpunkt bereits Tisch und Couch im Salon überspült, während der Skipper kniehoch im Wasser am Funkgerät steht. Wie Polster, Bodenbretter, Ausrüstungsteile, Küchenutensilien im Takt der Dünung durch den Salon schwappen wie in einem Alptraum. Wie Wasser einer Welle gleich über die Küchenzeile wäscht.

Solange es der Crew möglich ist, hält sie sich auf dem Schiff unter Deck vor den Orcas verborgen. Sie wissen, dass die Retter nicht rechtzeitig eintreffen werden, um sie vom Boot aus abzubergen. In der Kälte des steigenden Wassers sammeln sie das Nötigste ein: Dokumente, Trinkwasser, Nahrungsmittel, die noch brauchbar sind. Sie wissen, dass sie ihr Boot verlassen müssen und dass ihnen hierfür nur die Rettungsinsel bleibt. Sie ist nicht mehr als ein mit einer Zeltbahn überdachtes Klein-Schlauchboot. Beim Gedanken, darin unter halbwüchsigen Orcas im Wasser zu treiben, graut ihnen. Um diesen Schritt hinauszuzögern, entscheiden sie sich, auf dem langsam volllaufenden Boot auszuharren. Selbst eine sinkendes Boot ist, solange es schwimmt, der sicherste Ort inmitten des Ozeans.

Das Meer ist gnädig. Aus welchem Grund auch immer sinkt zuerst der Bug des Schiffes und hebt wie eine Wippe das schwere Heck aus dem Wasser. Die vier gewinnen dadurch wertvolle Zeit und retten sich hinaus aufs Heck. Und dann, noch bevor die Seenotretter eintreffen, hört der schwedische Skipper eines Segelbootes ihren Notruf und birgt die vier Franzosen ab.

40 Minuten nach jenem ersten Notruf der Crew neigt die SMOUSSE ihren Bug immer tiefer ins Wasser und versinkt langsam in den Wellen. Ein Handyfoto hält die letzten Momente fest.

Wann die Orcas letztlich abzogen, daran hat Augustin keine Erinnerung mehr. Er vermutet, dass sie weiterzogen, als sie erreicht hatten, was sie wollten, und ein Stück Ruder im Maul forttrugen. Oder vielleicht war es die Stille an Bord, als die Crew sich ins Innere des sinkenden Bootes zurückzog und sich ruhig verhielt, was die Orcas von ihnen ablassen ließ. Nur an eines erinnert sich Augustin: Als die Seenotretter sie von der schwedischen Yacht übernehmen, beobachten sie ein zweites Mal an diesem Tag Delphine. Zwei Delphine schwammen da, wo die SMOUSSE versunken war.

Für Augustin und die anderen ist der Untergang ihres Schiffes wie ein schwarzer Alptraum. Haben Orcas wirklich ihr Boot versenkt? Oder war alles nur ein schrecklicher Traum?

Kapitel 4.

Gegenwehr.

Mittwoch, 28. September 2022. Ostatlantik vor der portugiesischen Küste, 10 Seemeilen südwestlich Hafen Cascais in der Tejo-Mündung, Lissabon, 00:45 Uhr.

Es gibt zwei Arten von Nacht auf dem Meer. Die helle Nacht, wenn der Vollmond eine leuchtende Straße aufs Wasser zeichnet, die meilenweit die Umgebung in ein magisches Glitzern und Leuchten taucht. Und die Schwärze einer Wolkennacht, wenn der Mond sich unter dem Horizont verbirgt und ein Schiff sich anfühlt, als glitte es in schwarze Watte gehüllt dahin, die das menschliche Auge nicht weiter als 2 Meter durchdringt.

Theo Wakefield erinnert sich an viele Details in dieser Nacht. An die mondlose Finsternis vor der portugiesischen Küste, in der es nichts Helles zu geben schien – und an die Orcas.

„Es beginnt nach Mitternacht mit einem dumpfen Krachen“, erzählt er. „Ein Krachen in der Finsternis, das mich fürchten lässt, mein Schiff wäre auf Felsen oder schweres Treibholz gelaufen. Ich stehe am Ruder und drehe mich um. Nichts ist zu sehen in der mondlosen Schwärze. Nur Strudel hinter dem Boot. Und merkwürdig aufgewirbeltes Wasser. Dann entdecke ich sie im Phosphoreszieren der Heckwelle: Orcas.“

Das Phosphoreszieren seiner Heckwelle besteht aus kleinen Lichtpunkten. Es sind Lebewesen, Meeresleuchttierchen, winzige Einzeller – wie der bis zu 2 Millimeter messende *Noctiluca miliaris*, der mithilfe eines einzigen klebrigen Tentakels Plankton und Algen erbeutet. Sobald er bewegt wird, reagiert er mit Biolumineszenz, leuchtet also durch die Bewegung eines Schiffes, einer menschlichen Hand – oder den Flukenschlag eines Orcas.

Aber dafür hat Theo keine Augen in dieser Nacht. Er rechnet sich aus, wie seine Chancen stehen, mit seinem Boot heil davonzukommen. Sein Schiff ist klein, doch solide gebaut, aus den Anfangsjahren des Kunststoff-Yachtbaus. Fast alle Freizeitboote werden heute hergestellt, indem man feine Glasfasern mit Harz tränkt und sie zu millimeterdünnen Bordwänden formt. Theo Wakefield weiß das, er ist Yachtgutachter. Der 35-Jährige hat viele Boote auf Herz und Nieren geprüft, kennt ihre Technik in- und auswendig. Besser als jeder andere weiß er um ihre Schwachstelle: das Ruder.

Er sieht die Sache fatalistisch: „Entweder du begegnest ihnen nicht, dann hast du Glück. Oder du begegnest ihnen, dann demolieren sie dein Ruder." Mit seiner Crew besprach er noch vor der Abreise aus dem südenglischen Hafen Falmouth Gegenmaßnahmen, wie mit der Yacht rückwärts zu laufen oder Krach zu schlagen, so laut es eben geht. Im portugiesischen Hafen Nazaré hörten sie, die Orcas seien nordwärts gezogen. Aber auch Gerüchte über drei oder vier Orcas, sie sich südlich in der weiten Mündung des Tejo vor Lissabon aufhalten sollten.

Jetzt kann er die Schwertwale im Meeresleuchten ausmachen, wie sie neben und unter seinem Boot schwimmen. Eine Mutter mit Kalb und vermutlich zwei Bullen, die sich intensiv unter seinem Heck zu schaffen machen, während das Boot südwärts durch die Finsternis segelt.

Wie Theo diese Beobachtung einordnen kann? Man weiß mittlerweile, dass von den insgesamt mehr als 40 bis 50 Tieren, die im Sommer im Südwesten der Iberischen Halbinsel jagen und deshalb Orca Iberica genannt werden, wenigstens 16 mit Booten interagieren. Dass meist Gruppen von vier bis sechs Tieren an solchen Interaktionen beteiligt sind oder einzelne Jungbullen. Orcas leben in engen Familienverbänden, den sogenannten Matrilinien. Sie verbringen ihr ganzes Leben in dieser Matrilinie, der Mutterlinie.

Wie bei Elefanten führt eine erfahrene, ältere Kuh lebenslang die Familie, der ihre Söhne und Töchter sowie die Kälber dieser Töchter angehören. Matrilinien sind so weit entwickelt, dass sie sich durch dauerndes Lernen und Training auch bestimmte ausgefeilte Jagdstrategien sowie zur Kommunikation notwendige Dialekte teilen. Manche Forscher lässt dies von einer „Kultur" sprechen, die sich die Orcas einer Matrilinie oder innerhalb einer Schule, also mehrer Matrilinien, teilen.

Was Theo vor sich hat, sind Mitglieder einer solchen Matrilinie. Söhne, eine Mutter, ein Kalb. Aber ihr Verhalten in dieser Nacht entwickelt sich für Theo zu etwas anderem als einem friedlichen Familienausflug. Nach jenem ersten Knall nehmen die Rempler und Rammstöße zu. Der Skipper spürt, wie heftig die Orcas sein Ruder rammen. Er rappelt sich auf und startet den Motor in der Hoffnung, der Lärm des alten Zweizylinders würde die Tiere auf Abstand halten. Seine Hoffnung währt nur kurz bis zum Moment, in dem sein Ruder ausfällt.

Eine Videosequenz zeigt das Geschehen. Stockdunkle Nacht. Das Rotlicht einer Stirnlampe tastet ziellos im Cockpit umher. Bleibt am Steuerrad haften, das gespenstisch nach rechts wirbelt. Kurz nach links zuckt. Dann der Klang berstenden Metalls. „Fuck!", ruft Theo. „Was war das?" Das Boot reagiert nicht mehr auf die Drehung am Rad. „Die Steuerung ist hin", hört man die Stimme des Skippers. „Okay, Notpinne einsetzen."

Das Auge der Kamera irrt weiter durchs nächtliche Cockpit. Man hört ein Kramen, dann bleibt das Auge an der Notpinne haften. Es ist ein knapp meterlanges, gebogenes Edelstahlrohr. Hände sind zu sehen, um das Rohr als Ersatzpinne aufzustecken und die defekte Steuerung zu überbrücken. „Halt bloß das Ding weg von dir", ruft der Skipper einem Crewmitglied zu.

Die Kamera gleitet weg, ihr Blick fällt nach unten zum Boden des Cockpits, wo ein 4 Meter langes Metallrohr liegt zum

Ausspreizen eines großen Vorsegels – ein Spibaum. Als Theo die Notpinne aufsteckt, sind die Ausschläge des Metallrohrs durch die Orcas so kraftvoll, dass er fürchtet, die Pinne könnte seine Rippen brechen, wenn er versuchen würde, sie festzuhalten, während die Orcas weiter am Ruder arbeiten. Statt der Notpinne benutzt er daher eine lange Rohrzange zum Steuern, um bei starken Ausschlägen sofort loslassen zu können. Zunächst versucht Theo, unter Maschine rückwärts laufend auf die Küste zuzuhalten und gleichzeitig die Orcas im Blick zu behalten, wie sie sich vom Heck aus erneut dem Ruder nähern.

Er empfindet es als verstörend, wie sie neben dem Boot mit erhobenen Köpfen hinauf ins Cockpit äugen, als würden sie ihn und seine Begleiter genau beobachten. Wie sie mit ihrer eineinhalb Meter breiten Fluke versuchen, sie nass zu spritzen. Es kommt Theo in dieser Nacht so vor, als jagten sie ihm bewusst ihre nasse Atemluft ganz nah am Heck des Bootes übers Deck.

Theo kämpft. Er kann sich nicht erklären, warum die Schwertwale sich so verhalten, warum sie nicht aufhören, das Ruder zu rammen. Nur eines ist ihm klar: Das Ruder ist ihr Ziel.

Er weiß, was auf dem Spiel steht. Er und seine Crew probieren alles Mögliche aus, um die Orcas vom Ruder abzuhalten. Sie lassen das Boot nun rückwärts in Kreisen laufen. Halten den langen Spibaum ins Wasser und schlagen mit einem Hammer darauf, um unter Wasser zu lärmen. „Oikomi Pipes" nennt man die 3 Meter langen Metallrohre, mit denen man in den 1990er-Jahren in den USA Schwertwale erfolgreich von Ölteppichen weggescheucht hat. Doch die Orcas hier vor Portugal zeigen in dieser Nacht keinerlei Reaktion auf die lauten Schläge. Theo zermartert sich sein Hirn, was es noch gäbe, das ihm und seinem Boot helfen könnte. Ob sogenannte Pinger die Tiere vertreiben würden, kleine Bojen, mit denen die Fischer durch laute Störsignale ihre Netze vor der Plünderung durch Delphine und Orcas schützen wollen.

Vergrämer nennen Biologen derartige Geräte. In Spanien sind sie verboten, sie könnten das Gehör der Tiere schädigen. Doch seit die Attacken vor der spanisch-portugiesischen Küste zunehmen, ist der Preis solcher Pinger im Netz auf fast 500 Euro gestiegen. Theo hat keinen Pinger dabei, aber selbst wenn, würde er zögern, ihn einzusetzen. Die Schwertwale gehen so wütend gegen das Ruder vor, dass er Sorge hat, er würde sie damit noch weiter reizen. Bei aller Heftigkeit ihrer Aktionen begreift Theo: „Wenn sie uns wirklich versenken wollten, hätten sie das leicht gekonnt. Ich werde sie nicht noch wütender machen."

Zwei Orcas tauchen neben dem Boot auf, drehen sich auf die Seite, blicken aus winzigen Augen nach oben. Der Skipper sagt: „Eindeutig kamen sie hoch, um uns zu beobachten. Um zu sehen, wie wir uns verhielten. Ich war jetzt überzeugt, was immer wir unternahmen, ermutigte sie, noch wütender vorzugehen."

Diese erste heftige Interaktion in dieser Nacht dauert eine Stunde. Als die Orcas endlich abziehen, hat Theo das sichere Gefühl, dass sie es nicht zufällig tun. In ihm macht sich der Gedanke breit, dass sie genau begreifen, dass sie an ihrem Ziel angelangt sind und etwas Wichtiges am Boot zerstört haben. Doch bereits nach 15 Minuten sind sie wieder da.

Theo steuert in diesem Moment mithilfe der Rohrzange immer noch rückwärts in Richtung zur portugiesische Küste. Die Orcas rücken an, fokussiert, aggressiv und allein aufs Ruder konzentriert. Er kann sie jetzt gut erkennen im Glitzern der Meeresleuchttierchen neben dem Boot. Den größten der Gruppe schätzt Theo auf 8 Meter – fast so groß wie sein Boot. Er nimmt von hinten Anlauf und trifft das Ruder – immer wieder.

Selbst in jenen Momenten, in denen er die Rohrzange aus Angst vor einer Verletzung löst und das Ruder daher kraftlos unter dem Boot baumelt, schlagen die Orcas weiter darauf ein. Die Ruderstopper, die dessen seitliche Bewegung aufhalten, bestehen aus massiver Bronze. Theo spürt, wie sie sich Span für Span abnutzen. Als beide Stopper wirkungslos geworden sind, hören die Orcas noch immer nicht auf und drücken das Ruder nun in den Kunststoff des Bootsrumpfs. Theo hört es krachen. Ob sie das Ruder bei der ersten, zweiten oder dritten Attacke zerstören, kann er nicht mehr sagen.

Später, während er mithilfe der Rohrzange wirre Schlangenlinien Richtung Küste steuert, fällt Theo auf, dass das Kalb sich stets nah bei seiner Mutter aufhält. Ihm scheint, als würde die Orcamutter ihrem Jungtier sagen: „Wir haben jetzt einen Fight mit einem Boot. Bleib bei mir, ich zeig dir, wie man das macht."

Er sieht im Meeresleuchten die beiden Bullen, die bis an die Bordwand herankommen. Sieht, wie sie ihr Auge auf ihn richten, fast so, als wollten sie prüfen, ob sie nun „reif" wären, als Beute, als willenloses Spielzeug, als Objekt ihrer Rache oder wozu auch immer.

Dann spürt er durch die Rohrzange in seiner Hand, wie eine sanftere Attacke aufs Ruder erfolgt, als dürfe nun auch das Kalb es mal versuchen. Als einer der erwachsenen Bullen die Besatzung an Deck mit seiner Fluke nass spritzt, versucht das Kalb, dies nachzuahmen. Theo will begreifen, was für ein Film da gerade vor seinen Augen abläuft.

Mal ist es pure Aggression. Mal ist es Spiel. Mal ist es Mutwille. Es erscheint ihm und seiner Crew eindeutig, dass die Gruppe das Kleine trainiert, um ihm beizubringen, wie man gegen ein Ruder vorgeht. Oft denkt er in dieser Nacht aber auch daran, ob die Tiere die Besatzung des Bootes auf ihre Stärke hin prüfen wollen. Im Verhalten der Schwertwale liegt neben dem Training und der Beobachtung der Menschen etwas wie pure Aggression und Angabe, als wollten sie provozierend sagen: „Sieh her, wozu wir in der Lage sind! Willst du uns zusehen, wie wir dein Ruder demolieren?"

Die zweite Attacke dauert etwa 45 Minuten. Nachdem sie abgelassen haben, beginnt nach 15 Minuten Pause die dritte, sie endet ebenso schnell. Wieder heben die Tiere die Köpfe aus dem Wasser, um einen Blick ins Cockpit zu werfen, kurz innezuhalten, um abermals aufs Ruder loszugehen. Theo kann bis heute nicht glauben, welche Kraft diese Tiere entwickeln. Sie packen das Ruder und schütteln das Viereinhalb-Tonnen-Boot, als wäre es nichts.

Theo Wakefield und seine Begleiter sind nun mit den Nerven am Ende. Sie werfen mit Süßigkeiten nach den großen Tiere neben ihnen. Sie lachen wie irre. Sie wollen nur noch, dass die Orcas endlich aufhören.

„Wie es mir jetzt, wenige Tage später, geht?“, fragt Theo, als wir uns über die Folgen jener Nacht unterhalten. „Es kam vollkommen unerwartet. Es war furchteinflößend. Du bist selten in der Nacht so einer furchtbaren Naturgewalt ausgesetzt.“ Doch um nur wenige Augenblicke später zu ergänzen: „Aber es wird mich nicht abhalten, weiter zu segeln.“

Nach den ersten langen Gesprächen mit Theo Wakefield und den übrigen Augenzeugen habe ich viele Fragen. Hat Theo in dieser Nacht durch irgendetwas die Wut der Orcas und die Attacke aufs Ruder selbst provoziert? Hat er etwas anderes gemacht als diejenigen, deren Ruder in einer ähnlichen Situation heil blieb? Hätten er und andere auf die Zerstörung ihres Ruders irgendwie Einfluss nehmen, ja sie verhindern können?

Warum die Orcas in dieser Nacht sein Ruder attackierten und nicht abließen, darauf hat auch Theo keine Antwort. Doch vielleicht liegt eine Antwort in jenen Elementen des Orca-Verhaltens, die sich in jedem der bisherigen Augenzeugenberichte wiederholen. Es sind eher zunächst unauffällige Details und häufig versteckt, doch werden sie auch in den folgenden Beschreibungen wiederkehren.

Da ist die überraschende „Kollision“, mit der jede Interaktion beginnt. Es gibt kein Vorspiel, kein zögerliches „Herantasten“ der Orcas. Dann die Fixierung aufs Ruder, ihr gezieltes Einwirken auf dieses eine Bauteil eines Schiffes. Die zunächst tastende

Annäherung ans Ruder und der sich anschließende kraftvolle Körpereinsatz.

Auffallend ist die kleine Gruppe von Akteuren, zu denen auch „Mutter und Kind“ gehören, die aber eher als passive Zuschauer am Geschehen teilnehmen. Und es gibt das Element der Beobachtung der Crew.

In den folgenden Beschreibungen werden uns weitere Verhaltensmuster begegnen. Sie alle sind Teile jenes Puzzles, warum Orcas mit Booten interagieren. Manche dieser Puzzleteile sind anfangs unverständlich, andere wiederum führen in die Irre. Aber sie werden uns in den folgenden Kapiteln Stück für Stück einer möglichen Antwort näherbringen.

Teil 2: Der Mensch und andere Ursachen.

Kapitel 5.

Unterwegs auf der „Orca-Alley“.

Im Sommer 2022 reiste ich nach Dublin, um mein Boot nach dreijährigem Aufenthalt in irischen Gewässern zurück ins Mittelmeer zu segeln und in die nördliche Adria nahe Venedig zurückzukehren. Der erste Teil meiner dreieinhalbmonatigen Reise sollte mich entlang der westeuropäischen Küste über die Irische See, dann über die Biskaya und zuletzt entlang der westspanischen und portugiesischen Küste bis zur Straße von Gibraltar bringen – also genau dorthin, wo die vorangegangenen Berichte spielen. Weil dort in den letzten zwei Jahren inzwischen über 400 Interaktionen stattfanden und nach grober Schätzung über 300 Boote durch Orcas beschädigt wurden, nennen britische Segler mit dem ihnen eigenen schwarzen Humor diese Route die „Orca-Alley“, die „Gasse der Killerwale“.

Vor dem Ablegen in Dublin lerne ich einen jungen irischen Skipper kennen, der mir von seinem Orca-Erlebnis erzählt. Paul, Mitte 30 und Programmierer, lebt und arbeitet mit Freundin auf seinem Katamaran in der Marina von Malahide gleich neben dem Bahnhof zur Dubliner Innenstadt. Im vergangenen Sommer reisten die beiden auf ihrem schwimmenden Homeoffice ins 2.000 Kilometer entfernte Gibraltar.

Auf der Rückreise bemerkt Paul eines frühen Morgens kurz hinter Gibraltar einen schwarzen Schatten zwischen den Schwimmern seines Katamarans. Er sitzt hinter dem Steuerrad und ist allein an Deck. „Ein Fels im Meer“, denkt Paul in der ersten Schrecksekunde. Eine Klippe, die er in der Seekarte übersehen haben könnte. Er rechnet im nächsten Moment mit dem hässlichen Knirschen des Aufpralls. Bis sich der vermeintliche Fels, der etwa die halbe Länge des Katamarans ausmacht, zwischen den Schwimmern regt und auf die Seite legt. Es ist ein Schwertwal, der – ob schlafend oder einfach neugierig – zwischen den linken und rechten Schwimmer des Katamarans geraten ist. Als Paul sich umdreht, sieht er noch kurz dem Tier nach, das sofort verschwindet. Paul kommt mit dem Schrecken davon.

So harmlos die Begegnung ausging, sie dokumentiert eine weitere Art von „Interaktion", wie spanische Orcaschützer anfangs unterscheidungslos die friedlichen, aber auch die mit Schäden endenden Begegnungen von Orcas mit Booten nennen.

Angeborene Neugier, Spieltrieb, Stress oder Widerstand gegen die Zerstörung ihres Lebensraums treibt eine kleine Gruppe aus der 40 bis 50 Tiere umfassenden, bedrohten Population vor der Westküste der Iberischen Halbinsel und der Biskaya in die Nähe von Booten. Statt wie zuvor stets scheu einen Bogen um Boote herum zu machen, interagiert diese Gruppe von mindestens 16 Tieren mit Booten. Forscher sprechen mittlerweile von den mindestens 16 Tieren als „Rowdies" und „Rüpel-Orcas".

Es ist wenig bekannt, dass es bislang nur diese kleine Gruppe aus der Orca-Iberica-Population ist, weltweit sind aus anderen Populationen zurzeit keine weiteren Orcas an Rammstößen auf Boote bekannt. Doch was 2020 mit drei Tieren begann, die gegen Boote vorgingen, das praktizieren zwei Jahre später mindestens 16 Tiere – dies ist die Zahl derer, die man identifizieren konnte. Vermutlich ist ihre Zahl noch größer, und sie wird aller Wahrscheinlichkeit nach im kommenden Jahr weiter steigen. Vor allem sind die beteiligten halbstarken Orcas bei ihren Aktionen wählerisch, was ihre Ziele angeht. Sie interagieren nicht mit jeder Art von schwimmendem Untersatz, sondern zu 90 Prozent ausschließlich mit Segelbooten von 8 bis 15 Metern Länge. Alle Boote dieser Art sind etwa gleich langsam unterwegs. Und alle sind ausgestattet mit einem besonderen Bauteil: einem unter dem Heck hängenden, beweglichen Ruderblatt aus zerbrechlichem Glasfaserkunststoff.

Mein Schiff LEVJE fällt genau in diese Kategorie. Wir waren gewarnt. Noch in Irland und lange vor unserer eigenen

Begegnung mit einem Orca vor der Straße von Gibraltar beginnen mein Mitsegler und ich über das rätselhafte Verhalten der Schwertwale zu recherchieren. Auf einschlägigen Webseiten wie *Orcaiberica.org* oder in der Social-Media-Gruppe *Orca Attack Reporting* studieren wir eingehend die Vorfälle, die sich, beginnend im Juli 2020, vor Gibraltar ereignet haben und sich von dort aus im Lauf des Sommers nach Norden, über Portugal und Galizien bis vor die Bretagne, ausgebreitet haben.

Wir diskutieren Berichte über Attacken auf Ruder. Prüfen Karten, wo sich ernstzunehmende Vorfälle häufen. Lesen uns in alle möglichen Arten der Gegenwehr ein – von der offiziell von den spanischen Behörden angeratenen „passiven Abwehr durch Stillhalten und Erdulden" bis hin zur Gegenwehr mit Funken sprühenden Notsignalraketen, Knallkörpern oder dem Ausbringen sogenannter Pinger, Geräuschsendern also, mit denen Fischer Delphine und Orcas von ihren Netzen vergrämen.

Wir wollen auf unserer Reise herausfinden, ob sich nicht aus wiederkehrenden Verhaltensmustern Hinweise ergeben, was die Orcas der Iberischen Halbinsel zu ihrem sonderbaren Umgang mit einem bestimmten Bootstyp motiviert. Verstünde man die Ursache, würde sich daraus vielleicht eine Erkenntnis ergeben, wie man einer gewaltsamen Begegnung mit den Schwertwalen ausweicht.

Die Suche nach effektiver und vor allem gewaltfreier Gegenwehr blieb während unserer Reise so erfolglos wie die nach einem überzeugenden Motiv, warum sie tun, was sie eben tun. Je mehr wir suchten, desto häufiger stießen wir auf alle möglichen Theorien über die Ursachen ihres Verhaltens. Ihre Zahl wächst mit jedem weiteren Tag, ohne uns einer Erklärung näherzubringen.

Wissenschaftler beteiligen sich an der Suche, als Journalisten auf das Phänomen aufmerksam machen. Vor allem Susann Smillie beschrieb in einem fundierten Artikel im britischen *Guardian* als Erste den Ablauf der allerersten Zwischenfälle genau. Sie legte bereits im September 2020 eine Fährte, der andere namhafte deutschsprachige Tageszeitungen wie die *Süddeutsche* oder die *Neue Zürcher Zeitung* folgten.

Stress durch Großschifffahrt, Lärm, Überfischung, Nahrungskonkurrenz, Verschmutzung der Meere, kurz: Die Summe aller „Human Activities“ hätte die längst bedrohte Orca-Population vor Gibraltar an den Rand des Aussterbens gebracht, gegen das sich die letzten 40 bis 50 Orcas nun verzweifelt wehren.

Ein Mythos? Organisationen und Interessenverbände aller Couleur traten auf den Plan, die wechselweise Fischer, Whalewatcher, Segler oder die westliche Lebensart als Verantwortliche ausmachten. Es gab Verdächtige und vermeintlich Schuldige. Nur eine wissenschaftlich begründete Erklärung und eine zuverlässige Methode, die Tiere von der Zerstörung der Ruder abzuhalten, gab es nicht. Es gibt sie selbst bis heute, zwei Jahre nach dem Auftreten der Phänomene, nicht.

Was es aber gibt, sind tatsächlich auffällige Übereinstimmungen im Verhalten der Orcas oder in der Auswahl ihrer Ziele: Neben den zu mehr als 90 Prozent betroffenen Segelbooten bis 15 Meter Länge sind dies einige Schlauchboote, Trawler, Fischerboote, aber auch Fischkutter. Ziel der Orcas ist die Zerstörung von deren Ruderblatt, also der Steuerung dieser Schiffe. Direkte Angriffe auf Menschen in freier Wildbahn sind bisher nicht bekannt. Keine Vorfälle werden registriert in den Wintermonaten Januar und Februar. So bemerkenswert diese Muster sind, sie erschienen mir zu grobmaschig, sodass ab einem bestimmten Punkt meine Neugier siegte und ich begann, mit Betroffenen zu sprechen und sie systematisch nach Details ihrer Erlebnisse zu befragen. Später kamen Forscher, Delphin- und Walschützer sowie viele weitere Experten hinzu.

Daneben versuchte ich, einen statistischen Überblick zu gewinnen. Die Organisation *Grupo Trabajo Orca Iberica* widmet sich seit Jahren dem Schutz und der Erforschung der vor Gibraltar lebenden Orca-Population und dokumentiert die dort beheimateten 40 bis 50 Schwertwale. Auf ihrer Webseite *Orcaiberica.org* sammelte sie zwischen Juli 2020 und Sommer 2022 unter dem Stichwort *Last Interactions* zahlreiche Berichte von Interaktionen, die von leichten Remplern bis zu schweren Schäden an Yachten reichen. Die Zahl solcher Interaktionen lag 2020 noch bei 52, stieg 2021 auf 197 und erreichte in der ersten Jahreshälfte 2022 bereits 191 Interaktionen. Berücksichtigt werden muss, dass 2020 aufgrund von Lockdowns eher wenige Schiffe unterwegs waren, doch dass sich ab Sommer 2021 der Bootsverkehr wieder normalisierte, wie beispielsweise die allgemeinen Unfallstatistiken von Yachtversicherern belegen. Der Anstieg registrierter Orca-Interaktionen ab spätestens 2022 kann also kaum durch die steigende Zahl an Yachten erklärt werden, die in dem Revier unterwegs sind.

Betrachtet man die Zahl beschädigter Yachten, so kann man mittlerweile von mindestens 300 durch Orcas beschädigten Booten ausgehen. Von 28 (2020) stiegen die Schäden über 96 (2021) auf 95 (2022 allein bis Juli) an. Hinzu kommen 70 beschädigte Yachten allein zwischen Juli und November des Jahres 2022, sodass sich innerhalb eines Jahres eine Steigerung von 96 (2021) auf 165 (2022) Orca-Schadensfälle ergibt.

Die reale Zahl beschädigter Boote liegt vermutlich deutlich höher. Bei Gesprächen mit Werften im nordspanischen Galizien gaben Werftchefs an, in einem einzigen Betrieb allein seit Juli 2022 über 20 durch Orcas beschädigte Yachtruder repariert zu haben. Die Zahl solcher Reparaturfachbetriebe zwischen Gibraltar und Brest beträgt knapp 20, selbst nach vorsichtiger Schätzung kommt man damit für das gesamte Jahr auf 300 bis 600 beschädigte Boote.

Wolfgang Michalsky ist Yachtgutachter im spanischen Huelva. Er untersucht seit 40 Jahren Yachtschäden rund um die Iberische Halbinsel und in Südamerika. Er verfolgt die Orca-Schäden seit Juli 2020 aus nächster Nähe und sieht die Entwicklung mit Sorge, als wir über die Ereignisse sprechen.

„Nicht nur die Zahl der Yachtschäden dürfte deutlich höher liegen als bisher angenommen. Ich gehe von rund 500 Yachtschäden aus. Auch die Schwere der Beschädigung durch Orcas nimmt nach meinen Beobachtungen zu. Offiziell sind derzeit zwei Yachten infolge von Orca-Angriffen gesunken. Nach meinen eigenen Recherchen dürfte aber auch die Zahl gesunkener Boote höher liegen. Zwischen Juli und August habe ich allein vor Gibraltar sechs bis sieben Yachten ermittelt, die nach schwerem Wassereinbruch unter ungeklärten Umständen sanken. Die Ursachen wurden bis heute nicht ermittelt."

Nicht alle Orcas zeigen ein derartig aggressives Verhalten, nicht jede Orca-Begegnung zwischen Gibraltar und Brest endet in einen Angriff. Geht man in einer groben Annäherung von 7.000 Segelyachten aus, die innerhalb eines Jahres auf den 1.500 Kilometern zwischen Brest in der Nordbretagne und Gibraltar unterwegs sind, werden aktuell über 90 Prozent von ihnen keinen Orca zu Gesicht bekommen. Etwa 5 bis 7 Prozent erleben eine glimpflich ausgehende Begegnung, die von bloßer Sichtung bis zu friedlicher Beobachtung reicht. Nur etwa eine von 30 Segelyachten wird von einem Orca leicht bis schwer beschädigt, dies dürfte etwa 2 bis 3 Prozent entsprechen. Das Risiko, einem aggressiven Orca zu begegnen, bewegt sich also eher im unteren einstelligen Bereich. Es dürfte allerdings vor den Hotspots im Westen der Iberischen Halbinsel deutlich höher liegen, weil sich dort 90 Prozent aller Beschädigungen ereignen.

Einem Boot und seiner Besatzung hilft die Statistik allerdings wenig, wenn sie zusehen müssen, wie Schwertwale auf hoher See die Kontrolle über ihr Fahrzeug übernehmen und es bis zur Manövrierunfähigkeit beschädigen. Noch im Spätsommer 2020 hatte die spanische Regierung reagiert und vor Gebieten, in denen die meisten Interaktionen stattgefunden hatten, sogenannte „Exclusion Zones" vor den traditionellen Thunfischerzentren Barbate und Zahara de los Atunes sowie vor der galizischen Küste definiert, die für Yachten gesperrt wurden, um die Zahl der Vorfälle zu verringern. Gleichzeitig hatte man Verhaltensregeln herausgegeben, wie sich die Crews im Fall einer Interaktion verhalten sollten. Sie bestanden im wesentlichen darin, den Tieren aus dem Weg zu gehen, die Exclusion Zone weiträumig zu meiden und im Fall einer Interaktion die Segel zu streichen, die Maschine sowie alle elektronischen Geräte abzustellen, um sich durch Passivität für die Orcas so uninteressant zu machen, dass sie nach einiger Zeit gelangweilt ablassen und sich der ganze tierische Unfug, wie man seither hofft, irgendwann in Luft auflösen würde.

Doch dem ist bislang nicht so. Die Zahlen von Interaktionen und beschädigten Booten steigen bis Herbst 2022, deren Intensität nimmt zu. Dokumentiert ist der Untergang einer Segelyacht am 31. Juli 2022 vor der portugiesischen Hafenstadt Sines infolge eines nächtlichen Orca-Angriffs. Die Crew von fünf Personen konnte noch in der Nacht die Rettungsinsel aktivieren. Am 1. November 2022 sank ein weiteres Schiff, die SMOUSSE, die Ereignisse sind in der Erzählung eines Besatzungsmitgliedes im Kapitel „Untergang“ festgehalten. Man kann sich deren Furcht vor dem Verlassen des sinkenden Schiffes und einem möglichen Übersteigen in die plantschbeckengroße Rettungsinsel gut ausmalen.

Während wir auf der „Orca Alley“ dem Hotspot vor Gibraltar näherkamen, diskutierten wir unsere Optionen, um den sogenannten Killerwalen auszuweichen, wie sie im anglo-amerikanischen Raum genannt werden. Möglichst nah unter Land zu fahren, um in flachen Gewässern zu bleiben, wohin die Orcas sich nur ungern aufhalten würden, wie die Biologin Yara Tibirica dies in dem folgenden Bericht ihrer Orca-Begegnung versucht hat. Oder im Gegenteil die Exclusion Zone, die Verbotszone vor Barbate, in weitem Bogen zu umfahren. Aus Gründen möglicher Hilfeleistung im Notfall erschien es uns geraten, das kritische Gebiet nur tagsüber und nicht nachts zu passieren. Ich habe in diesen Tagen oft überlegt: Würde ich stillhalten? Oder würde ich Gegenwehr leisten? Ich wusste, tatenlos stillhalten könnte ich niemals, wenn Orcas sich an mein Ruder heranmachten. Am Ende lautete unser schlichter Plan: am helllichten Mittag und weit außerhalb der Exclusion Zone auf die Meerenge von Gibraltar zuzuhalten.

Am Donnerstag, dem 16. Juli 2022, umfahren wir die Exclusion Zone weiträumig und nähern uns der Straße von Gibraltar. Gegen Mittag beschäftigen mich die Flottenmanöver, die spanische Kriegsschiffe gerade eineinhalb Seemeilen hinter und neben uns abhalten. Hubschrauberlandungen auf Achterdecks, in Linie fahren, sich hinterm Horizont unsichtbar machen. Gegen 13:45 Uhr beobachte ich eine Fregatte hinter uns, als plötzlich 300 Meter nordwestlich unseres Standortes ein massiger schwarzer Körper mit der charakteristischen Rückenflosse aus den Wellen auftaucht und auf uns zuhält: ein Orca.

Anders als ich erwartet hatte, reagiere ich nicht besorgt. Stattdessen beobachte ich das Tier eher mit jener Mischung aus Faszination und Neugier, die jede Begegnung mit Meeressäugern einzigartig macht. Ich bin gefesselt von dem ausgeprägten Schwimmstil des Schwertwals, die kraftvolle Bewegung seines Körpers scheint mir, wenn es ein Mensch wäre, voller Testosteron. Sie lässt sich am ehesten mit der von Olympioniken bei einem Wettkampf über 200 Meter Schmetterling vergleichen. Kurz über Wasser, kurz unter Wasser. Ein rasend schnelles, buckliges Auftauchen und buckliges Untertauchen, das ich in dieser Form selbst bei meinen vielen Begegnungen mit Delphinen so noch nie beobachten konnte. Das Tier furcht mit hoher Geschwindigkeit zielstrebig auf LEVJE zu und kommt bis auf 100 Meter heran.

Dann überlegt der Orca es sich doch anders, ändert die Richtung schnurstracks auf das Heck der spanischen Fregatte zu, als hätte es heute Appetit auf ein herzhafteres Ruder als das von LEVJE. Eine Weile sehe ich dem Orca zu, wie er Richtung spanische Navy durch die Wellen buckelt. Dann ist er verschwunden.

Denke ich heute an diese kurze Begegnung zurück, dann erinnere ich mich an meinen damaligen Gedanken, ob es sich bei den gezielten Attacken von Orcas nicht um ein buchstäblich aus dem Ruder gelaufenes militärisches Experiment handeln könnte, bei dem die lernwilligen Schwertwale gezielt für militärische Einsätze trainiert worden waren, wie dies auch vor Jahren bei dem weißen Belugawal Hvaldimir vermutet wurde. Er war im April 2019 mit einem mysteriösen Geschirr und Kamera auf dem Rücken vor Hammerfest aufgetaucht, wo ihn norwegische Fischer aus seinem „St. Petersburg Equipment“ befreien konnten, benannt nach einer Riemenschnalle, die den Namen trug.

Ob eine dieser spontanen Mutmaßungen richtig ist? Die folgenden Kapitel sind eine Spurensuche. Mein Interesse galt znächst noch ausschließlich der Frage, ob Gegenwehr oder Stillhalten die besten Antworten im Fall einer kritischen Annäherung von Orcas wären. Doch es verschob sich, je mehr ich über die Besonderheit dieser Meeressäuger und das Meer als ihren Lebensraum in Erfahrung gebracht habe.

Die folgenden Kapitel sind meine Suche nach der wahrscheinlichsten Erklärung für das Verhalten der Schwertwale. Sie handeln von möglichen Erkrankungen als Ursache, von Verletzungen, von Emotionen wie Rache oder Frustration. Von Umwelteinflüssen wie Lärm und bedrohten Lebensräumen. Von Hunger und Stress. Und sie untersuchen Jagd, Aggression und ihren Spieltrieb.

Je mehr ich mich mit Orcas beschäftigte, desto mehr begriff ich, dass diese bemerkenswert sozial agierenden und intelligenten Wesen uns als Säugetier sehr nahestehen. Sie sind uns ähnlich. Wenn man sich an ihrem Skelett ihre fünf knochigen Finger ansieht, die in jeder der beiden blattförmigen Brustflossen stecken, und weiß, dass ihre Körpertemperatur selbst im eiskalten Wasser arktischer Breiten zwischen 36 und 38 Grad beträgt, geschützt durch 10 Zentimeter dicken Speck, erkennt man: Sie sind wie enge Verwandte, die uns in vieler Hinsicht gnadenlos einen Spiegel unseres Tuns und Treibens, aber auch unserer Irrtümer vorhalten.

Kapitel 6.
Krankheit.

Mittwoch, 14. September 2022. 20 Seemeilen westlich Muros, Nordwestspanien, 14:15 Uhr.

An jenem Mittwoch ist Katarzyna Fabularna seekrank. Am Morgen war ihr leicht übel, sodass sie als einziges Crewmitglied in ihrer Koje bleibt. Die 34-Jährige kennt jene leichte Form der Seekrankheit von früheren Segelreisen und deren Ursachen. Sie weiß, der Auslöser von Seekrankheit sind ihre fünf Sinne, deren pausenloses Funktionieren dafür sorgt, dass wir überhaupt unseren Alltag meistern können. Ohne die fünf Sinne Sehen, Hören, Tasten, Schmecken und unser Körpergefühl geht gar nichts. Und wenn die Sinne eines Menschen gegeneinander arbeiten, werden sie seekrank, weil Augen, Gleichgewichtsorgan im Ohr und schnell wechselnde Muskelzustände das Schwanken des Schiffes verschieden wahrnehmen und widersprüchliche Signale ans Gehirn senden, das den latenten Konflikt der Sinne nicht mehr auflösen kann. Seit die Yacht in den Morgenstunden vom Festland weggesegelt ist, um der Flaute zu entkommen, bewegt sie sich auf den Wellen im offenen Atlantik noch heftiger. Katarzyna spürt, wie mit jeder Welle aus Nordwest eine Woge der Übelkeit ihren Magen erfasst.

Gegen 14 Uhr erreicht die vierköpfige Crew junger Polinnen und Polen unter ihrer Skipperin Alicja das Kontinentalschelf weit draußen vor der spanischen Felsküste – jene schmale Zone entlang des westeuropäischen Festlands von Schottland bis Gibraltar, in der der Meeresboden innerhalb weniger Seemeilen von 200 auf 2.000 Meter Tiefe abstürzt. Hier trifft sich alles. Um zu fressen. Und um gefressen zu werden. Für Räuber ist der nährstoffreiche, 2.000 Meter hohe Meeresabhang ein Tischlein-deck-dich. Für Katarzyna ist das Schelf mit seinen wirren Wellenmustern das Fegefeuer.

An Bord hat die Anspannung der letzten Tage nachgelassen. Als die 13 Meter lange Yacht am vergangenen Samstag den Hafen von A Coruña verließ, hatte sich die Crew noch einige Gedanken über die Orcas gemacht. Ob sie Schwertwale sehen würden? Wie das ablaufen würde, wenn sie ihnen begegnen sollten? Die 30-jährige Skipperin Alicja ist in der jungen Besatzung die Jüngste, aber zugleich die Erfahrenste; eine ausgebildete Segellehrerin, der die südliche Biskaya von mehreren Törns her vertraut ist. Auf Atlantik- und Arktis-Segelreisen ist sie Orcas aus nächster Nähe in ihrem Element begegnet und hat sie bei der Jagd beobachten können.

Jede ihrer Begegnungen verlief bislang friedlich. Sie weiß, dass Orcas die größten Raubtiere des Meeres sind und sogar weiße Haie ihnen aus dem Weg gehen. Dass sie in freier Wildbahn noch nie einen Menschen attackierten. Trotzdem bereitet Alicja ihre Crew gewissenhaft vor, wie sie sich im Fall einer Begegnung zu verhalten haben, und ermahnt alle, auf Wache scharf Ausguck zu halten. Sie rechnet damit, dass Orcas jederzeit ihren Weg kreuzen könnten.

Anders als erwartet verstreichen die ersten Tage auf ihrer Route nach Süden ereignislos.

Die Spannung der Crew löst sich vollends, als Alicja an diesem Mittwoch die Nachricht auf der Social-Media-Seite *Orca Attack Reporting* verliest, seit zehn Tagen seien keine weiteren Orca-Attacken gemeldet worden. Die Orcas, die in den Wochen zuvor in diesen Gewässern zahlreiche Ruder beschädigt hatten, zeigen sich nicht mehr. Vielleicht sind sie ja weitergezogen? Vielleicht haben sie ja Glück? Kann doch sein, dass sie ungeschoren an ihr Ziel Lissabon gelangen.

Während Katarzyna in ihrer Koje ruht, steuert ihr Lebensgefährte Béla die Yacht südwärts durch die unangenehmen Wellen. Er ist flott unter vollen Segeln unterwegs. Plötzlich wundert sich Béla. Das Ruderrad in seinen Händen scheint zu leben. Es bewegt sich ohne sein Zutun und dreht plötzlich von links nach rechts.

„He, Alicja. Sag mal, schlägt das Ruder immer so merkwürdig in den Wellen aus?“, hört Katarzyna ihn der Skipperin nach unten zurufen. Deren Antwort hört sie nicht mehr. Nur Bélas erregte Stimme. „Ein Wal!“, ruft er laut. „Da. Genau hinter uns! Ein Wal!“

Die Skipperin sitzt am Kartentisch unter Deck und lächelt nachsichtig. „Die wollen mich wohl hochnehmen“, denkt sie wohl. „Ganz sicher ist das kein Orca, jetzt, wo seit zehn Tagen nichts passiert ist.“

Ihre Ruhe ist wie weggeblasen, als sie die aufgeregten Rufe der übrigen Besatzung aus dem Cockpit vernimmt. Katarzyna hört, wie Alicja mit einem Satz oben im Cockpit ist. Sie kämpft gegen ihre Übelkeit an und klettert ebenfalls hinauf.

Drei Orcas erkennt sie nahe beim Schiff. Ein ausgewachsenes Tier. Ein kleines, offensichtlich ein Baby. Und ein größeres, juveniles. Alicja, die Skipperin, hat dafür keine Augen, sie lässt augenblicklich den Bug des Schiffes in den Wind drehen, um es aufzustoppen und die Segel zu bergen, so wie sie es x-mal zuvor besprochen haben.

Während die Segel lärmend im Wind knattern und die Crew sie mühevoll bändigt, können sie den Blick doch nur schwer vom Wasser losreißen. Von den großen, schwarz glänzenden Tieren mit der langen Rückenflosse und dem markanten weißen Augenfleck, die die ganze Zeit da sind und große Atemwolken schnaubend ums Heck der Yacht kreisen. Sie kommen näher.

Trotz Seekrankheit und medikamentöser Benommenheit beobachtet Katarzyna die Tiere aufmerksam und registriert jede ihrer Bewegungen. Sieht, wie die Orcas auf das Ruder zusteuern, um Rumpf und Ruder zu rammen. Sie spürt, wie das Rollen des Bootes im schauerlichen Seegang jäh unterbrochen wird. Eine unsichtbare Kraft drückt ihre Yacht in eine andere Richtung, als wolle ihnen irgendetwas einen neuen Kurs aufzwingen. Sie registriert verwundert, dass die großen Tiere bei vollem Krafteinsatz eher entspannt agieren, sobald sie das Ruder selbst angehen. Sie wundert sich, warum die Tiere zwar ihre ganze Körperkraft einsetzen, aber es offensichtlich nicht auf die Menschen an Bord abgesehen haben, sondern nur auf das Ruder. „Was soll das nur?“, denkt sie. „Wenn sie wirklich aggressiv wären, dann könnten sie uns weit härter attackieren, als sie es tun.“

Vielleicht ist das der Grund, warum die Crew bis zu diesem Moment die Ruhe bewahrt hat. Wie sie es zuvor vereinbart haben, sitzen alle im Cockpit und warten ab. Was sie abhält, in Panik zu geraten, ist, einfach auf den Moment konzentriert zu sein und keinen Gedanken an die Bedrohung zu vergeuden, die unter ihnen rumort.

Seit Alicja einen Funkspruch an die Küstenwache abgesetzt hat, sind etwa zehn Minuten vergangen. So schnell, wie sie kamen, sind die Orcas plötzlich verschwunden. Das Krachen, die harten Stöße unter dem Boot, die Ruderausschläge sind vorüber. Alle an Deck spüren, dass sie jetzt allein sind weit vor der Küste. Sie sind erleichtert. Erst in diesem Moment macht sich in Katarzyna das ganze Elend der Seekrankheit breit, das Schwanken des Bootes, das sie noch kurz zuvor nicht beachtet hat. Sie will nur noch unter Deck, um sich im Salon auszuruhen.

Doch Katarzyna kommt nicht dazu. Wasser schwappt im Salon über die Bodenplatten – salziges Seewasser. Es ist das einzige Mal, dass sie Alicja kurz fluchen hört. Mit allem hatten sie gerechnet, mit einem demolierten Ruder, mit dem Ausfall der Steuerung. Dass das Schiff durch den Angriff eines Meeressäugers in Gefahr geraten oder gar sinken könnte, das hatte niemand geahnt.

Alicja setzt einen Notruf ab und fordert ein Rettungsboot an. Das Boot ist zweieinhalb Stunden von der nordspanischen Küste entfernt und viereinhalb vom nächsten Hafen. Mindestens eine Stunde würde es dauern, bis die Retter bei ihnen wären, selbst wenn sie mit Höchstgeschwindigkeit liefen.

Die Crew versucht, das Wasser aus dem Schiff zu bekommen. Sie schöpft mit Eimern und Töpfen, weil sie sehen, dass sie schneller sind als ihre Notfallpumpe. Doch so viel sie auch von unten nach oben ins Cockpit schleudern und sich anstrengen: Der Wasserspiegel in dem von links nach rechts torkelnden Boot sinkt nicht.

Sie begreifen: Ihr Rumpf hat ein Leck! Das Wasser wird so lange steigen, bis es Alicja gelingt, es zu entdecken und es zu stopfen. Sie machen sich hektisch auf die Suche, doch sie finden nichts. Jede Hypothese, wo das Leck unter Bodenplatten, hinter Tanks, Schränken, Kojen und Sitzbänken verborgen liegen könnte, erscheint ihnen sinnlos, weil sie wissen, dass sie die Stelle nicht erreichen können. Einziger Lichtblick ist, dass das Wasser nicht weiter steigt, solange sie nur pausenlos schöpfen.

Katarzyna geben die unnatürlichen Bootsbewegungen den Rest, sie folgt mühsam den Gesprächen der anderen. Solange sie den Wasserspiegel konstant halten, hätten sie eine Chance. Am schrecklichsten erscheint allen der Gedanke, in die Rettungsinsel zu den Orcas ins Wasser steigen zu müssen.

Nach einer Stunde taucht das Rettungsboot am Horizont auf. Sie haben sich vorgestellt, was für eine Erlösung es wäre, wenn das Rettungsboot ankäme. Doch es kommt anders: Mit den Rettern kehren auch die Orcas zurück. Sind es dieselben Tiere wie beim ersten Mal? Katarzyna meint, diesmal vier Orcas zu erkennen. Wissen die Tiere, wozu ein Rettungsboot dient? Sind sie ihm gefolgt?

Kaum sind die Orcas zurück, rammen sie erneut das Ruder. An Bord hat niemand Augen dafür, alle sind vollauf beschäftigt, die spanischen Seenotretter zu verstehen, die Leinen anzunehmen und zu befestigen. Dann – endlich – strafft sich die Schleppleine.

Erst Tage nach dem Ereignis wird sich Katarzyna Fabularna an die Merkwürdigkeiten ihrer Begegnung erinnern. „Als das Segel geborgen wurde, brachte mich die Seekrankheit den Orcas näher als jeder andere an Bord. Während ich mich im Heck übergeben musste, sah ich sie, wie sie auf mich zukamen."

„Nein", korrigiert sie sich, „nicht auf mich. Sondern auf das Ruder unter mir. Ich war in diesem Moment dem großen Tier so nah, so unglaublich nah, ich hätte es fast berühren können. Es kam direkt auf mich zu, aber ich fühlte mich sonderbarerweise nicht bedroht. Der Schwertwal zielte nicht auf mich. Es konzentrierte sich ausschließlich auf das Ruder." Und sie ist überzeugt: „Nicht ich bin ihr Feind, sondern das Ruder."

Am Ende ihrer Erzählung frage ich Katarzyna, ob sie jemals wieder segeln wird nach diesem Erlebnis. „Auf jeden Fall", sagt sie entschlossen. „Béla und ich planen sogar, ein eigenes Boot zu kaufen."

Dann macht sie eine Pause. Und sagt: „Es war kein Horror. Vielleicht sind im Mittelmeer die Wellen kleiner und meine Seekrankheit auch. Nur ob ich noch einmal in die Biskaya gehen würde, das weiß ich nicht."

Und das rätselhafte Leck? Ein Seitenfenster der Achterkabine sei beschädigt worden, berichtet Katarzyna, als wir telefonieren. Die Scheibe war intakt, weshalb der Schaden nicht sofort erkennbar war, aber die Scharniere des Fensters waren wie durch große Krafteinwirkung ausgebrochen. Kann das ein Schwertwal getan haben?

Katarzyna ist vorsichtig. „Kann sein, dass es eine Welle war. Kann auch sein, dass es ein Orca war. Das Fenster befindet sich etwa 60 Zentimeter über dem Wasser. Aber wenn es ein Orca war, dann kann ich ausschließen, dass er gezielt aus dem Wasser sprang. Nicht wir waren ihr Ziel. Sondern das Ruder", wiederholt sie.

„Das merkwürdigste an unserer Begegnung war: Beim Eintreffen des Rettungsbootes attackierten die Orcas sofort erneut das Ruder. Als das Rettungsboot begann, uns zu schleppen und langsam auf 10 Knoten Geschwindigkeit, also fast 19 Kilometer pro Stunde, beschleunigte, stoppten die Orcas augenblicklich ihre Angriffe. Ihr Verhalten änderte sich abrupt. Plötzlich verwandelten sie sich in artige, verspielte Delphine, die neben uns herschwammen. Ganz wie Delphine sprangen sie dabei aus dem Wasser und geleiteten uns freundlich durch die Wellen. Trotz meiner Seekrankheit schaute ich ihnen aus dem Fenster zu und hatte plötzlich das Gefühl, dass sie einfach Spaß an dem hatten, was sie gerade taten. Ich fühlte so etwas wie Freude mit ihnen."

Wenige Tage nach unserem Telefonat schickt Katarzyna mir ihre Videoaufnahmen. Das siebenminütige Video liefert eine Bestätigung ihres Berichts. Die Handykamera fängt eine graue, raue See ein. Hält den regenschweren Horizont und die Wogen fest im Blick, ganz so, wie man einer Seekranken rät, den Blick auf den fernen Horizont zu fixieren, um Orientierungssinn und Gleichgewichtsorgan zu beruhigen. Dann schwenkt die Kamera 100 Meter voraus auf ein leuchtend rotes Seenotrettungsboot, dem die havarierte Segelyacht im Schlepp in weiten Bögen folgt, als wäre ihr jedes Vermögen genommen, in gerader Linie durch die Wellen zu steuern. Das Ruder der Yacht, oder was davon übrig ist, zeigt keine Wirkung mehr.

30 Sekunden blickt die Kamera starr in die Wellen, dann erschrecke ich. Ein Orca taucht überlebensgroß auf, ganz nah an der Bordwand, bevor er wieder abtaucht. Er ist nur für einen Augenblick zu sehen, aber zweifellos ist es kein ausgewachsenes Tier. Seine Länge und das kurze Schwert auf dem Rücken sprechen dagegen.

Keine Minute vergeht und er taucht erneut an der Bordwand der Yacht auf. Selbst ich, zuhause an meinem Schreibtisch sitzend, komme nicht umhin, die Schönheit dieses Tieres zu bewundern, die Anmut, mit der es mühelos mit dem Boot mithält. Vor allem aber verwundert mich die Ruhe, die jede seiner Bewegungen in diesem Moment ausstrahlt. Kein Zeichen von Erregung. Keine Emotion. Nicht die Spur einer Aggression, wie sie zu erwarten gewesen wäre. Oder davon, dass das Tier noch wenige Minuten zuvor das Ruder, ein meterlanges Bauteil aus harzgehärteten Glasfasern, zangenartig zwischen seine Kiefer nahm und unter Einsatz seines Körpers gezielt Teile davon abbrach.

So rätselhaft das alles ist: Ich kann die Eindrücke der Seglerin nur bestätigen und den Frieden spüren, den sie bei diesem Anblick empfand. Ich frage mich einmal mehr, wie das fast planvolle Vorgehen bei der Zerstörung und die sichtbare Ruhe bei diesem destruktiven Verhalten zusammenpassen.

Hat Christina Martin vielleicht doch Recht, eine Biologin der *Grupo Trabajo Orca Ibérica*, die sich gezielt mit dem Verhalten der Orcas an der iberischen Küste befasst, mit der ich ein paar Tage darauf telefoniere? „Sie wollen keinen Schaden anrichten. Wir wissen nicht genau, was sie eigentlich tun." Können wir da angesichts der Beschädigung mehrerer Hundert Yachtruder durch etwa 16 Orcas wirklich sicher sein, dass die Orcas keinen Schaden anrichten wollten?

In Frank Schätzings Roman „Der Schwarm" greifen Gruppen von Orcas Boote an, weil eine geheimnisvolle Substanz einen Weg in ihr Gehirn gefunden hat und es manipuliert und fremdsteuert. Ist so etwas in der Realität denkbar?

Ulrich Karlowski ist Meeresbiologe und Stiftungsvorstand der *Deutschen Stiftung Meeresschutz*. Die 2007 gegründete Organisation beobachtet im Rahmen ihrer Aktionen auch das Verhalten von Schwertwalen. Für Karlowski ist das Verhalten der iberischen Orcas gegenüber Yachten ein Rätsel, insbesondere aus seinem wissenschaftlichen Verständnis als Meeresbiologe. Keine andere Orca-Gruppe weltweit hat bislang ein derartiges Verhalten an den Tag gelegt. Orcas sind wie wir, sie reisen gern und sind sozial ausgesprochen aktiv. Wird sich dieses Verhalten also über die Iberische Halbinsel hinweg auch über die Weltmeere ausbreiten, wie viele besorgte Bootseigner befürchten? Und warum tun die Schwertwale das?

„Es macht biologisch für die Tiere keinerlei Sinn, sich so zu verhalten, wie einzelne Orcas das gegenwärtig tun. Biologisch bedeutet: dass ein Tier nichts unternimmt, was seine Existenz und die Erhaltung der eigenen Art gefährdet, sondern seine Aktionen so anlegt, um sein Weiterleben und das seiner Nachkommen nicht unnötig in Gefahr zu bringen."

Auf der Suche nach Erklärungen beschränken sich Meeresbiologen wie Ulrich Karlowski nicht nur auf ein Modell. Unter den Hypothesen, die der Tierschützer aktuell nicht ausschließen mag, ist auch die von einer Erkrankung der Tiere, genauer gesagt von einem Schaden im Gehirn eines einzelnen Tieres, das das Verhalten auslöste.

„Vor allem das Mittelmeer ist mit PCB und Umweltgiften aller Art angereichert. Orcas haben keine natürlichen Fressfeinde, darum bilden sie die Spitze der Pyramide von Fressen und Gefressenwerden und haben deshalb eine ungewöhnlich hohe Lebenserwartung. Männchen erreichen durchschnittlich 50 Jahre, die weiblichen Matriarchinnen teilweise bis 90 Jahre, selten auch über 100 Jahre. Dieses Geschenk, ein hohes Alter zu erreichen, ist auch ihr Schicksal. Denn im Laufe eines langen Lebens speichert ein tierischer Organismus mit jeder Mahlzeit allein durch seine Ernährung so viele schädliche Substanzen in seinem Körper, die sich nicht mehr abbauen."

Karlowski berichtet, dass man speziell an Mittelmeer-Orcas hochgradige Vergiftungen beispielsweise mit PCB oder anderen nicht abbaubaren Stoffen nachweisen konnte. Er hält es für „durchaus möglich, dass ein bis zwei Tiere mit zerebralem Schaden die Interaktion mit den Yachtrudern in die Welt brachten und andere Tiere dies dann übernahmen. Ich habe zwar kein Beispiel dafür, dass so etwas schon einmal vorgekommen wäre. Aber vorstellbar wäre es."

Ein Tier wird durch Gifte und Ablagerungen in seinem Gehirn so verändert, dass es ein abnormales Verhalten zeigt. Das lässt mich aufhorchen.

PCB, die polychlorierten Biphenyle, gehören zum sogenannten „dreckigen Dutzend“, jenen zwölf Umweltgiften, die bereits 2001 im Stockholmer Abkommen verboten wurden und aufgrund ihrer Langlebigkeit immer noch im Boden oder in Gewässern nachweisbar sind, wenn auch in geringen Mengen. Als Wissenschaftler vor wenigen Jahren an der tiefsten Stelle aller Ozeane, dem Marianengraben, aus Tiefen von mehr als 10.000 Metern winzige Krebse förderten und sie analysierten, entdeckten sie stark erhöhte Konzentrationen von PCB in den Tierkörpern. Die Krebse dienen wiederum anderen Fischen als Nahrung und gelangen damit in den Nahrungskreislauf. Unstrittig ist auch, dass PCB die Fortpflanzungsfähigkeit von Schwertwalen beeinflusst:

„Die Gifte unterdrücken die Reproduktion der Schwertwale. Wenn die Weibchen trächtig werden, geht ein Großteil ihrer PCB-Belastung entweder schon im Mutterleib auf das Ungeborene oder durch die Muttermilch auf das Neugeborene über. Als Folge kommt es zu Totgeburten und zu Jungtieren, die nur wenige Monate überleben“, berichtete der Deutschlandfunk schon vor einigen Jahren. Und weiter: „Die meisten Forscher waren davon ausgegangen, dass die Belastung nach dem Verbot von PCB langsam zurückgehen würde, sie beobachten bei den Schwertwalen und auch bei Eisbären das Gegenteil. Die Tiere sind immer stärker belastet.“ Auch in den Industrieregionen und vor den Küsten Südostasiens, der USA und Kanadas messen die Forscher hohe PCB-Belastungen. Und vor unseren europäischen Küsten sei das Problem besonders groß.

Tatsächlich stoße ich bei meiner Spurensuche auf eine wissenschaftliche Untersuchung, die den sogenannten Blubber, die kälteisolierende Speckschicht, von gestrandeten oder biopsierten Walen, Delphinen und Orcas genauer untersuchte und die

Meeresregionen miteinander verglich. Die Studie dokumentiert, dass die an den Tieren ermittelten durchschnittlichen PCB-Werte „alle bekannten PCB-Toxizitätsschwellenwerte für Meeressäuger deutlich überschritten. Einige Standorte (zum Beispiel westliches Mittelmeer, südwestliche Iberische Halbinsel) sind globale PCB-‚Hotspots' für Meeressäuger."

Die „südwestliche Iberische Halbinsel" ist ein direkter Hinweis auf das Gebiet westlich der Straße von Gibraltar, wo die seltsamen Vorfälle begannen. Ist das nur ein Zufall?

Der Spur einer möglichen Erkrankung der Schwertwale folgt auch Jörn Selling. Auch er ist Meeresbiologe und arbeitet seit vielen Jahren für die Stiftung FIRMM, die von der Schweizerin Katharina Heyer als Non-Profit-Organisation gegründet würde. FIRMM veranstaltet Whalewatching-Touren in der Straße von Gibraltar zu Delphinen, Orcas, Grindwalen, Pottwalen und Finnwalen.

Anders als viele Whalewatching-Veranstalter verfolgt FIRMM das Ziel, Menschen für die Zusammenhänge zwischen unserem Tun und der Verschmutzung der Meere zu sensibilisieren. Darüber hinaus nutzt FIRMM die sommerlichen Whalewatching-Touren zur Dokumentation der Orca-Bestände in der Straße von Gibraltar und zur Erhebung wissenschaftlicher Daten, um sie der Universität Basel zur Verfügung zu stellen.

Jörn Selling hat nach jahrelangen Beobachtungen mehrere Hypothesen über das Verhalten der Orcas entwickelt. Eine davon sieht eine mögliche Infektion der Meeressäuger als Ursache für ihre Verhaltensänderung. In unserem Gespräch erläutert er die Möglichkeit, dass einzelne Tiere unter einer Infektion leiden, die auf besondere Weise das Gehirn manipuliert.

„Es gibt Belege, dass Küstenwale von Toxoplasma betroffen waren." Toxoplasmose wird auf der Webseite des Robert Koch Instituts als Infektionskrankheit beschrieben, die durch den gleichnamigen Parasiten im Katzenkot enthalten ist. Doch wie gelangt Katzenkot ins Meer und zu den Orcas?

Jörn Selling beobachtete Schwertwale im Hafen von Tarifa, die sich längere Zeit an einem Abwasserrohr aufhielten. Er hält eine Übertragung des Parasiten durch Katzenkot im Abwasser für wahrscheinlich. Doch was macht Toxoplasmose? Und wie kommt sie in ihren Endwirt, die Hauskatze?

An infizierten Mäusen beobachtete man, wie sie ihre natürliche Furcht vor Katzen verlieren und sich ihnen furchtlos nähern, wodurch sie zu leichter Beute für ihre Jäger werden. Forscher wiesen nach, dass der Parasit vom Mäusemagen aus die Zystenbildung an genau der Stelle eines Mäusehirns begünstigt, die für die Wahrnehmung des typischen Katzengeruchs zuständig ist.

Die Manipulation des Gehirns durch den Parasiten dient dazu, sich durch eine Verhaltensänderung beim Wirt leichter verbreiten zu können. Für Jörn Selling könnte die Toxoplasmose auch jene Verhaltensänderung bei Orcas erklären, die sie ihre Scheu vor Booten verlieren lässt. Wie das Robert Koch Institut weist Jörn Selling darauf hin, dass die Erkrankung auch den Menschen befällt. Die Infektion verläuft in der Regel meist beschwerdefrei oder mit leichten Grippesymptomen. Dass sie weit verbreitet ist, belegt die Tatsache, dass sie in der Altersgruppe der 70- bis 80-Jährigen bei über 77 Prozent aller Untersuchten nachweisbar ist. Bei Analysen unterschiedlicher Berufsgruppen wies man vor allem bei Unternehmern und Start-up-Gründern eine unerwartet hohe Quote früherer Toxoplasmoseinfektionen nach, einer Personengruppe, die in ihrem Beruf häufig eine höhere Risikobereitschaft an den Tag legt als der Bevölkerungsdurchschnitt und die bereit ist, beruflich höhere Wagnisse einzugehen als andere. „Der Parasit, der uns zu Unternehmern macht“, betitelte der *Spiegel* einen Beitrag über die Start-up-Gründer.

Das Leben eines Schwertwals ähnelt in seinen biologischen Eckdaten grob dem eines Menschen. Orca-Babys wachsen im Mutterleib über eine lange Tragzeit zwischen einem und eineinhalb Jahren heran. Sie werden als 2 Meter und 200 Kilogramm schwere Kälber geboren, die bis zur Geschlechtsreife von der Mutter gefüttert werden. Orca-Töchter gebären im Alter von 12 bis 14 Jahren ihr erstes Baby, Schwertwalbullen brauchen bis zur Geschlechtsreife etwas länger. Sie sind ab einem Alter von 12 bis 16 Jahren zeugungsfähig und ähnlich jungen Männern erst in ihren Zwanzigern ausgewachsen. Bullen haben wie beim Menschen statistisch eine geringere Lebenserwartung als Weibchen, sie kann 50 bis 60 Jahre betragen, während Kühe nicht selten 80 bis 90 Jahre alt werden und ihre Matrilinie anführen.

Doch erleben Orcas dieses hohe Alter ähnlich wie Menschen? Sind sie gleich älteren Menschen irritiert über Veränderungen, unwillig, sich auf Neues einzustellen? Wie nimmt eine Orca-Matriarchin, die um 1960 geboren wurde, die Veränderungen vor Gibraltar heute wahr? Die Veränderungen in der Fischerei, die Vervielfachung des Verkehrs auf dem Wasser? Die ersten Attacken auf Yachtruder wurden von Jungbullen beobachtet, sodass man zunächst von typischem Rowdytum und eher einer pubertären Erscheinung sprach.

Erst seit kurzem sind auch ältere Weibchen beteiligt, wie wir im Kapitel 12 über die Aggression an den Interaktionen gegen einen Walschützer sehen werden.

Wenn wir Menschen seekrank werden, nehmen wir Tabletten. Ist es heftiger, gehen wir zum Arzt. Was tun Tiere, wenn sie erkranken? Während der Arbeit an diesem Kapitel tauchen Berichte über ein Orca-Weibchen vor dem niederländischen Badeort Cadzand auf. Am 15. Oktober 2022 schwamm das über 5 Meter lange und 2 Tonnen schwere Tier am Strand auf. Helfern gelang es zunächst, das Orca-Weibchen wieder in tieferes Wasser zu ziehen. Doch es war vergebens. Der Orca wurde ein weiteres Mal angespült und verendete schließlich im Sand des flachen Wassers.

Im Gespräch mit Christina Martin, der Orca-Forscherin des *Grupo Trabajo Orca Ibérica*, bestätigt sie, dass es sich bei dem gestrandeten Tier um einen ihrer Schützlinge aus der Population der Orca Iberica handelt.

Auch Jörn Selling kennt die Geschichte jenes Orcas, den sie „Tanit“ nannten. „Sie war ein älteres Weibchen, das schwerkrank war und vom Weg abgekommen ist. Woran Tanit verendete, wird momentan in der Universität Utrecht untersucht. Schwerkrank in der Natur bedeutet, dass eine Erkrankung ungehindert fortschreitet. Je weiter sie Raum gewinnt, desto mehr Parasiten befallen diesen erkrankten Organismus. Das ist nicht ungewöhnlich, die Hälfte aller uns bekannten Tierarten sind Parasiten. Biologisch sind Parasiten ein echtes Erfolgsmodell. Tanits zweimalige Strandung könnte ein Hinweis sein, dass sie ihr Ende nahen fühlte. Oft stranden die Tiere in einem solchen Fall bewusst. Sie spüren, dass es zu Ende geht, und stranden sich selbst, weil es für sie ungleich qualvoller ist, im offenen Meer zu ertrinken. Häufig sind Massenstrandungen von Delphinen und Walen die Folge erkrankter Leittiere, denen die Herde einfach nachschwimmt, bis es nicht mehr weitergeht.“

Umweltgifte, PCB und Parasiten. Das Leben und vor allem das Sterben eines Tieres in freier Wildbahn bekommen Menschen nur selten mit. Einige Wochen später wird der Biologe mir schreiben, dass Tanit zusätzlich an einer schweren Infektion ihrer Backenzähne litt, die sie wahrscheinlich nicht einmal mehr fressen ließ. Tanits Todesursache wird man so wenig sicher ermitteln können wie die von Lucia, einem anderen Orca aus der Gruppe der Orca Iberica, um die es im folgenden Kapitel gehen wird.

Eines wird mir in den ersten Gesprächen mit Meeresforschern klar: Auf der Suche nach Ursachen für das merkwürdige Verhalten der Orcas vor unseren westeuropäischen Küsten stehen Meeresbiologen erst am Anfang. Sie denken derzeit in alle Richtungen und nicht nur in eine. Die beschriebenen Erkrankungen sind nur Ansätze einer Erklärung, worin das merkwürdige Verhalten der Orcas seinen Ursprung hat.

Es ist, wie Franklin Seal sagt. Er ist Administrator einer Gruppe über Orca-Interaktionen in den Social Media und hat in seinem früheren Berufsleben zahlreiche Facebook-Gruppen in US-Präsidentschaftskampagnen für Bernie Sanders initiiert und administriert. Er bringt die Situation auf den Punkt: „Es hat niemals zuvor eine Phase solcher Interaktionen mit Orcas gegeben. Wir wissen so wenig darüber. Und plötzlich interagieren diese Wesen mit uns und wir wissen nicht, was da vor sich geht. Ist es Neugier? Etwas, das sie gelernt haben, von dem sie aber nicht wissen, dass es Konsequenzen für uns hat? Wir wissen nicht, ob sie uns eine Botschaft senden wollen oder nur etwas zur eigenen Unterhaltung machen.

Gerade der menschliche Versuch, mit etwas zurechtzukommen, was wir überhaupt nicht verstehen, lässt unsere Imagination Funken in alle Richtungen schlagen. Menschliche Wesen sind überhaupt nicht gut darin, mit Dingen umzugehen, die sie nicht verstehen.

Mit den Orcas ist es wie seinerzeit mit den Gorillas. Wir wussten nichts über Gorillas. Hatten keine Erklärung dafür, warum sie die Nummernschilder von Autos abschraubten. Anstelle von Wissen gab es jede Menge Mythen über Gorillas, bis eine Naturforscherin namens Dian Fossey kam, mit ihnen lebte, sie erforschte und wir endlich genaueres Wissen darüber erhielten, wie Gorillas kommunizieren, wie sie lieben, wie sie hassen."

Kein Wunder also, dass auch ich noch längst nicht die einzig mögliche Erklärung für das Verhalten dieser letztlich kleinen Gruppe von Orcas gefunden habe. Wichtige Fragen bleiben offen: Kann eine Erkrankung allein die Verhaltensmuster erklären, die Katarzyna und die von mir bisher befragten Augenzeugen so detailliert beschrieben haben? Wenn ursprünglich nur wenige Tiere erkrankten, wie kommt es, dass eine ganze Gruppe von Tieren ihr Verhalten aus irgendeinem Grund übernahm? Kann es sein, dass mindestens 16 Tiere an derselben Infektion leiden und sich deshalb zu Gruppen zusammenschlossen? Und wieso verbreitet sich eine gezielte Attacke auf ein ausgewähltes Bauteil an einer limitierten Anzahl von Schiffen über 2.000 Kilometer Distanz und damit fast über die Hälfte der westeuropäischen Küste?

Meine offenen Fragen werden mehr statt weniger, je weiter ich nach Ursachen grabe. Am Anfang schien mir alles klar: Orcas kommen Segelyachten nahe, attackieren sie, Ruder gehen dabei zu Bruch, gelegentlich werden Yachten schwer beschädigt.

Aber je mehr ich mich mit den Orcas beschäftige, desto mehr gerate ich in das Katarzyna-Dilemma. Die Orcas bescherten ihr schlimme Minuten, indem sie das Schiff erst stoppten, beschädigten und die Crew in Lebensgefahr brachten, ob absichtlich oder unbeabsichtigt. Doch die Befragten zeigen allem Schrecken zum Trotz Verständnis, ja sogar Sympathie für die Tiere, die ihr Schiff beschädigten. Anfangs erklärte ich mir das als „Stockholm-Syndrom", jenes psychologische Phänomen, bei dem Opfer von Gewalt stellenweise positive Emotionen für den Täter entwickeln. Aber das ist es nicht. Je mehr ich mich mit den Orcas beschäftige, desto mehr verschwimmt die Klarheit darüber, ob ich Verständnis zeigen oder verurteilen soll.

Auf der Suche nach einer Antwort, wie beides zusammenpasst, erinnere ich mich auch an ein rätselhaftes Erlebnis mit einem aggressiven Delphin, das ich wenige Jahre zuvor an der südöstlichen Adriaküste in der Bucht von Kotor hatte. Plötzlich scheint es mir, als könnte es in Verbindung zu dem stehen, was gerade vor der Atlantikküste Westeuropas geschieht.

Kapitel 7.
Schmerz.

Sonntag, 6. August 2017. Bucht von Kotor, Montenegro, 23:30 Uhr.

Es geht auf Mitternacht zu. Das mittelalterliche Kotor zu Füßen des 1.750 Meter hohen Lovcen liegt in tiefem Frieden. Kein Windhauch. Kein Lärm. Nur ferne Geräusche von der Straße, die entlang des Hafens von Kotor führt. Ich ankere etwas mehr als eine halbe Seemeile, etwa einen Kilometer, vor der Stadt auf meinem Boot LEVJE. Ich bin allein an Bord. Und seit einer Woche hier.

Plötzlich ein Geräusch vom Ankerkasten. Mein Anker liegt auf 11 Metern, die Wassertiefe ist selbst am Ende des langen Fjords, der zwischen majestätischen Bergketten liegt, beträchtlich. Wegen der Fallböen habe ich alles an Kette draussen, was ich habe. Fast 50 Meter.

Wieder das Rumpeln der Kette am Bug. Ich spüre plötzlich, wie sich mein Schiff auf der Stelle dreht. Was ist das? Ich lausche angestrengt nach draußen, ob das leise Singen im Mast zu vernehmen ist, mit dem sich Fallböen aus den Bergen ankündigen. Aber alles ist ruhig. Kein Hauch. Nichts. Wieso dreht sich ein Boot auf der Stelle, wenn es weder Wind noch Strömung hat?

Noch einmal das Rumpeln vorne im Ankerkasten. Meine Nackenhaare stellen sich auf.

„Geh raus! Geh nachsehen!", sagt eine innere Stimme. Ich klettere die Treppe hinauf ins Cockpit und gehe in der Dunkelheit nach vorne zum Bugkorb, dem Geländer über der vorderen Spitze des Schiffes. Als ich mich hinüberbeuge und mein Blick der Ankerkette ins Wasser folgt, ist der Anblick gespenstisch.

Die Ankerkette dreht sich im Kreis. Wie ein Kaffeelöffel, der in einer Tasse rührt. Ein Kreis mit fast zwei Metern Durchmesser. Einer rechtsrum. Dann noch einer.

Plötzlich hängt die Kette wieder reglos im Wasser. Während ich in die Schwärze der Wasseroberfläche starre und mir nur die Wirbel auf dem Wasser versichern, dass ich nicht träume, taucht plötzlich ein großer weißer Schatten neben der Bordwand auf. Kommt an die Oberfläche. Atmet unmittelbar in der Dunkelheit neben LEVJE aus. Und schickt mir im Abtauchen seinen Blas so nahe nach oben, dass ich die feuchtwarme Atemluft auf meinem Gesicht spüre.

Ein Delphin. Ein großer, ausgewachsener. Ich denke noch darüber nach, was dahinterstecken könnte, warum sich das Tier um Mitternacht so nah an meinem Boot zeigt, als die Ankerkette vor meinen Augen erneut zu kreisen beginnt. Sie bewegt sich jetzt so stark, dass der Bug meines Schiffes auf und ab geht.

Mein Schiff ist schwer. Mich gruselt. Mein Gehirn versucht fieberhaft, sich einen Reim auf das zu machen, was sich in der Tiefe vor mir abspielt. Aber mehr als eine reißerische Schlagzeile kommt dabei nicht heraus: „Killer-Delphin zerrt Schiff an Kette in die Tiefe."

Blödsinn. LEVJE wiegt siebeneinhalb Tonnen. Ein ausgewachsener Delphin könnte, selbst wenn er 4 Meter lang wäre und das Maximalgewicht von über einer halben Tonne hätte, keinen Bootsrumpf mit 15 Kubikmeter Luft in seinem Inneren versenken, solange dieser unbeschädigt ist. Trotzdem ist die Energie des Tieres, seine Entschlossenheit beeindruckend, mit der es die Ankerkette bearbeitet. Alles an den Aktionen des Delphins fühlt sich irgendwie nach männlichem Gehabe an.

Wieder die schwere Kette, die vor mir durchs Wasser kreist. Da! Wieder ein Auftauchen, ein schnaubendes Ausatmen neben mir in der Dunkelheit. Diesmal an Backbord, unmittelbar links neben der Kette. Ich gehe nach hinten, zurück ins Cockpit und hinunter zum Kartentisch, um die Taschenlampe zu holen. Ich muss rauskriegen, was da läuft. Während ich unten bin, ist das Rumpeln der 100 Kilo schweren Ankerkette deutlich hörbar. Diesmal scheuert die Ankerkette sogar an der Bordwand. Ich greife mir die stärkste Taschenlampe. Gehe nach vorne. Leuchte nach unten. Der große weiße Schatten in der Tiefe, irgendwo 5 Meter unter mir, kreist um die Ankerkette.

Hat sich ein Weibchen da unten in der Kette verfangen? Blödsinn. Wie denn?

Stimmt etwas mit der Kette nicht? Es ist eine Spezialkette mit einer Bruchlast von siebeneinhalb Tonnen statt der üblichen 2 Tonnen. Hat der italienische Hersteller irgendeinen Duftstoff mit eingeschweißt, ein Pheromon, das um Mitternacht Delphine liebestoll macht?

Hat sich die Kette über eine mit Fischen prall gefüllte Reuse gelegt? Und der hungrige Delphin kommt nicht ran?

Ich komme nicht drauf. Dann taucht der Delfin zum dritten Mal vor mir auf. Ich leuchte den etwa zweieinhalb Meter langen Fischkörper beim Auftauchen von vorne bis hinten ab. Und entdecke das fingerdicke Seil, das sich am Ansatz der Schwanzflosse um die schmalste Stelle des Tieres geknotet hat. Es schneidet in seine Haut ein, weht fast eineinhalb Meter hinter der Fluke im Wasser aus. Ich beobachte den Delphin, wie er im Wasser entlang der Kette hinabtaucht. Und verzweifelt versucht, den Strick an der Kette abzustreifen. Er beißt nicht in die Kette. Er scheuert mit dem Schwanz daran. Wieder und wieder.

Ich überlege, wie ich dem Tier helfen könnte. Ins Wasser gehen, mit einem Messer versuchen heranzukommen? Ich verwerfe den Gedanken sofort. Das hier ist nicht „Flipper“. Hier wird nicht die 19. Netflix-Staffel von „Free Willie“ gedreht. Delphine sind scheue Tiere. Auch wenn sie auf dem Meer oft zutraulich scheinen: Sie sind Wildtiere, denen man sich auf keinen Fall nähern sollte, deren Territorium zu respektieren ist. Zudem: Ein verletztes Tier, gepeinigt von Schmerzen, ist unberechenbar. Nein, zu ihm ins Wasser zu springen, ist überhaupt gar keine Lösung.

Trotzdem. Ich muss näher ran. Wenn ich dem Tier helfen will, muss ich an das Körperteil, das einem Menschen mit am gefährlichsten werden kann: seine Fluke, mit der ein Delphin hart zuschlagen kann.

Bevor ich näher an ihn herangehe, muss ich herausfinden, wie er reagiert, wenn ich ihm näherkomme. Wird er aggressiv? Oder bleibt er ruhig? Begreift er, dass ich nichts Böses im Schilde führe? Dass ich ihm zuhilfekommen will?

Ich hole mein kleines Schlauchboot von hinten. Ich benutze es tagsüber, wenn ich zu meinen Bergtouren hinüber ans Festland rudere. Jetzt hängt es am Heck. Ich binde es los und ziehe es wie ein geduldiges Maultier an LEVJEs Bordwand entlang nach vorne. Je näher ich dem Bug komme, umso langsamer sind meine Bewegungen. Jetzt nur nichts Abruptes, was dem sichtlich gestressten Delphin noch mehr Stress verursachen könnte. Vorsichtig binde ich das Dinghi am Bug fest. Mal sehen, wie mein Delphin darauf reagiert. Ob das Aggression auslöst. Aber der Delphin nimmt mich überhaupt nicht wahr. Er ist nur mit sich und der Kette beschäftigt. Das Dinghi, neben dem er wieder und wieder ruhig zum Atemholen auftaucht, stört ihn nicht. „Na ja. Das ist doch ein Anfang“, denke ich.

Es ist Mitternacht geworden. Ich überlege weiter. Wenn ich es schaffen könnte, auf irgendeinem Weg Vertrauen zu dem verletzten Tier aufzubauen. Es wäre so leicht, die Schnur mit einem Seitenschneider einfach durchzutrennen, es von seiner Qual zu befreien. Langsam gewinne ich Selbstvertrauen. Wenn ich dem Delphin irgendwie helfen will, muss ich nahe an ihn heran. Ich muss irgendwie ins Wasser. Jetzt! Um Mitternacht in dieser mondlosen rabenschwarzen Nacht. Nicht mein Traum ... In der Karibik habe ich die eiserne Regel gelernt, nachts nie ins Wasser zu gehen, wenn die Raubfische jagen. Seit ich dort im Wasser einem ausgewachsenen Barrakuda begegnete, der bloß neugierig war, aber mich mit seinen 2 Metern Länge sehr beeindruckte, während er langsam aus der Tiefe aufstieg und mir näher und näher kam, vermeide ich nächtliches Schwimmen. Ich tue es auch aus Respekt vor den Lebewesen. Das Meer ist ihr Lebensraum, nicht der meine.

Trotzdem. Ich muss irgendwie an die Fluke des Delphins herankommen. Langsam hole ich mein Schlauchboot nach hinten zum Heck. Dieses Dinghi ist nicht größer als eine Baby-Badewanne. Ich setze mich hinein. Sicherheitshalber habe ich meine Schwimmweste angezogen, Taschenlampe, scharfes Messer, Seitenschneider eingepackt. Langsam hangle ich mich an LEVJEs Bordwand nach vorne, bloß nicht hastig, Meter für Meter. Dann bin ich vorne an der Ankerkette. Die rührt wie eh und je. Keck geworden, rüttle ich oben an der Ankerkette. Einmal. Zweimal. Unten – Stille. Als würde jemand über mein Signal nachdenken.

Plötzlich das wütende Ausstoßen von Atemluft neben meinem kleinen Dinghi. Kein ruhiges Auf- und Untertauchen, sondern ein Atem wie ein bedrohliches Platzen. Eine warme Wolke von Wassertropfen hüllt mich ein. Aha. Das war eindeutig zu nah! Ich verhole mich mit dem Dinghi 2 Meter nach hinten.

Mal sehen, ob ich ihn neugierig machen kann. Ich beschließe: ER muss kommen. ER muss die Spielregeln bestimmen, mit denen er sich wohlfühlt. Ich warte an der Bordwand ab. Näher und näher kommt der Delphin beim Auftauchen – er ist ruhig jetzt, taucht in der Dunkelheit mal einen Meter hinter mir auf. Mal einen Meter vor mir. Mal einen Meter neben mir. Er kommt näher. Aber immer noch sieht er seine Rettung in der Kette, nicht in dem Typen in dem kleinen Schlauchboot. Ich versuche, ganz entspannt zu sitzen, keine hektischen Bewegungen zu machen. Zu sehen, ob der Delphin vielleicht durch eine Geste Vertrauen signalisiert. Aber nichts passiert. Er ist voll und ganz auf sein Tun fokussiert. Er will das Tau an der Kette wegscheuern.

Wer weiß, was er erlebt hat. Wie der Knoten um seinen Leib kam. Ich sitze. Und warte. Als es ein Uhr schlägt, hangle ich mich langsam wieder zum Bug.

Zur Ankerkette, die neben mir in die Tiefe führt. Der Delphin akzeptiert es, taucht langsam unter meinem Dinghi zum Atmen an die Oberfläche. Es kostet ihn Kraft, denn er taucht nun alle 40, 50 Sekunden auf, um Luft zu holen. Er ist mir so nah, ich könnte ihn in der Dunkelheit berühren, wenn sein glänzender Leib schlangengleich neben mir an die Oberfläche kommt. Aber ich lasse es. Er muss die Initiative haben, mir langsam seine Fluke entgegenstrecken. Er müsste stillhalten, eine halbe Minute stillhalten und mich ruhig an seiner Fluke arbeiten lassen.

Ich fühle, wie ich müde werde in meinem Dinghi. Ich spüre, dass ich es bis hierher geschafft habe. Dass er mich in seiner Nähe akzeptiert. Aber ich spüre auch, dass es nur bis hierhin geht und nicht weiter. Dass der nächste Schritt für den Delphin, die Annäherung, die körperliche Nähe zu mir, durch irgendein Signal nicht kommen wird. Ich warte an der Bordwand. Und nicke ein, während der Delphin links und rechts der Ankerkette zum Luftholen aufsteigt.

Irgendwann wache ich auf. Ich muss mich damit abfinden, dass ich dem Tier nicht werde helfen können. Ich hangle mich zurück zu LEVJEs Heck. Binde das Dinghi hinten an, der Delphin sieht in seiner Verzweiflung nur die Ankerkette, nicht den Menschen. Wie denn auch? Wo das Seil, das sich um seinen Leib geschlungen hat, von den Menschen kommt.

Ich kann ihm nicht helfen. Vielleicht ist er am Morgen noch da. Und abgekämpfter. Müder. Vielleicht versuche ich es in der Morgendämmerung noch einmal, denke ich, während das dumpfe Scheppern der Kette vorne im Ankerkasten mich bis in meinen Schlaf verfolgt. Am frühen Morgen stehe ich auf und sehe als Erstes nach dem Delphin. Er ist fort. Mir bleibt nur die schwache Hoffnung, dass er es geschafft hat, das Tau um seinen Körper loszuwerden. Und die Hoffnung, dass derartige Tierquälerei nicht allzu häufig geschieht.

Doch darin sollte ich mich täuschen. Im Gespräch über Krankheit bei Tieren erwähnt Jörn Selling beiläufig eine großangelegte Studie, bei der FIRMM-Mitarbeiter um die Gründerin Katharina Heyer die sommerlichen Whalewatching-Touren dazu nutzen, Delphine, Orcas, Pottwale, Minkwale und Pilotwale zu fotografieren, um die Tiere zu identifizieren, die Ergebnisse auszuwerten und Forschern zur Verfügung zu stellen. Aus dieser jahrzehntelangen Dokumentation der Cetaceen, wie die Gruppe der Wale und Delphine wissenschaftlich korrekt heißt, veröffentlichten die FIRMM-Gründerin und ihre Mitarbeiter eine wissenschaftliche Dokumentation über verletzte, verstümmelte und unter Mangelerscheinungen leidende Wale und Delphine in der Straße von Gibraltar. In diesem Forschungspapier dokumentieren sie für die Jahre 2001 bis 2015 nur für dieses enge Seegebiet 245 Fälle von Verwundungen an Meeressäugern, „von denen mindestens 44 (17 Prozent) auf durch Menschen verursachte Verletzungen zurückzuführen waren. Unsere Ergebnisse deuten darauf hin, dass menschliche Aktivitäten in der Straße von Gibraltar, insbesondere die Fischerei, eine Bedrohung darstellen, besonders für kleine und mittelgroße Wale."

Ihre These untermauern die Forscher in der Untersuchung mit zahlreichen Fotos: von halb durchschnittenen Flossen, die scharfe Leinen beim Sportfischen auf Großfische verursachen. Von Schnittwunden durch Propeller oder Kollisionen mit Schiffen. Unter den Aufnahmen finden sich auch Fotos verletzter Orcas. Die Fotos eines weiblichen Orcas, dem Leinen tief hinter der Rückenfinne in den Leib schnitten. Oder das Foto eines auf dem Rücken schwimmenden Orca-Weibchens. Man erkennt deutlich, dass dem Weibchen von der markanten blattförmigen Brustflosse rechts nur noch ein Stumpf geblieben ist.

Können solche Verletzungen, die bei der Begegnung mit Menschen entstehen, ein Grund für die Angriffe von Orcas auf Boote sein? Jörn Selling hält dies für möglich. Er weiß von einzelnen Interaktionen, an denen verstümmelte Schwertwale beteiligt waren. Als Co-Autor der Studie kennt er die Tiere und hat ihr Leben und Schicksal über Jahre verfolgt.

So wie das von Tony, einer alten Matriarchin, die ihre linke Brustflosse verlor. Oder von Lucia, dem eben erwähnten Orca mit der verstümmelten rechten Brustflosse. Wie Lucia ihren rechten Flipper verlor, wurde nie geklärt.

Ich wünschte wieder einmal, ich könnte die Sprache der Orcas verstehen. Ein Kampf mit einem Räuber, der ihre Flosse abbiss, ist unwahrscheinlich, meint Jörn Selling. Orcas haben keine Fressfeinde. Wahrscheinlicher ist, dass sie in die Leinen eines illegalen Treibnetzes geriet. Sie konnte sich vermutlich daraus befreien, unter Verlust ihrer rechten Flosse. Ihr erstes Kalb, das sie geboren hatte, aber vermutlich nicht.

Man kann nur vermuten, wie tief die körperliche Verletzung und zugleich der Verlust eines Kalbs auf Lucia wirkten. Gut dokumentiert ist die tiefe emotionale Bindung einer Orca-Mutter, die ihr verendetes Neugeborenes knapp 17 Tage über Wasser hielt, um es nicht aufzugeben. Dass Schwertwale oder Delfine ein totes Jungtier über mehrere Tage mit sich tragen, sei nichts Ungewöhnliches, teilten die Forscher weiter mit. Die Tiere hätten eine besonders starke Beziehung zu ihrem Nachwuchs und würden sich manchmal bis zu einer Woche nicht von ihm trennen, war die Aussage der Tageszeitung DIE WELT über diesen Fall, der sich im Sommer 2018 vor Vancouver abspielte.

Orcas verirren sich selten ins Mittelmeer, doch im Dezember 2019 tauchte eine Gruppe isländischer Orcas vor dem Hafen von Genua auf, unter denen ein Muttertier sein totes Kalb tagelang mit sich führte.

Wie Lucia mit dem Verlust ihres Kalbs und dem ihrer Flosse zurechtkam, wissen wir nicht. Später wurde sie in einer Gruppe von drei Orcas beobachtet, die vor der Iberischen Halbinsel die Ruder von Booten attackierten. Der verletzte Orca gehörte also zu denjenigen, die ihr Verhalten gegenüber Booten verändert hatten.

Im Lauf ihres Lebens hat Lucia zwei weitere Kälber geboren, bis ihr treibender Kadaver im Winter 2021 vor der Küste

Portugals entdeckt wurde. Sie war gerade wieder Mutter geworden, ein Kalb kreiste um ihren Kadaver.

„Lucia war nicht krank. Wahrscheinlich ist sie erstickt", vermutet Jörn Selling. „Doch Ruth Esteban von der Universität Madeira, die seit vielen Jahren das Leben der Orca-Iberica-Gruppe erforscht, wollte die Todesursache durch Obduktion ermitteln. Wenn Orcas sich in einem Netz verheddern, verschließt sich das Blasloch im Reflex und öffnet sich nicht mehr. Ihr Tod ist sehr qualvoll, weil es förmlich ihr Bauchfell zerreißt."

Lucias Verstümmelung könnte also der Ausgangspunkt der rätselhaften Angriffe sein. Doch wie sieht der eigentliche Weg zu einer Verhaltensänderung konkret aus, wenn ein Individuum – ein Muttertier – nach seiner Verwundung beginnt, Boote zu stoppen und deren Ruder zu attackieren? Auf welche Art funktioniert die Weitergabe eines neuen Verhaltens eines Muttertieres an andere Gruppenmitglieder?

Damit werde ich mich in den nächsten beiden Kapiteln beschäftigen.

Und das Schicksal meines nächtlichen Delphins aus der Bucht von Kotor? Wie kam das verknotete Tau vor seine Fluke? Unter den zahlreichen Fotografien in der Untersuchung von FIRMM stechen mir besonders acht Fotos ins Auge. Sie zeigen Delphine, die man mit Tauwerk an der Fluke verendet an den Stränden der Straße von Gibraltar entdeckt hat. Als ich die Fotos Jahre nach meinem Erlebnis in der Bucht von Kotor durchsehe, wird meine Hoffnung geringer, dass „mein" Delphin das Tau an seiner Schwanzflosse überlebt haben könnte.

Vor allem aber liefert mir die Studie von Katharina Heyer, Jörn Selling und ihren Kollegen eine grausame Erklärung dafür, wie der Knoten um den Delphin kam.

„Diese spezielle Art der Verletzung wurde bereits in anderen Studien beschrieben", heißt es in der FIRMM-Studie. „Reste von Fanggeräten deuten stark auf Beifang hin. Einige Verletzungen, wie zum Beispiel abgetrennte Fluken oder an den Fluken befestigte Steine, deuten darauf hin, dass Fischer die Kadaver der Beifänge absichtlich versenkten oder aus dem Netz entfernten und liefern weitere Hinweise auf eine unbekannte Anzahl von Beifangfällen in der Straße von Gibraltar."

Auch Ulrich Karlowski kennt solche Methoden aus Mitteleuropa: „Den Beifang im Meer zu versenken, das wird auch mit Schweinswalen an der holländischen Küste praktiziert."

Kein Fischer möchte das leidige Thema in den Schlagzeilen wissen, dass es beim Fischfang auch immer unerwünschten Beifang gibt wie Delphine oder verwandte Walarten, die versehentlich in die Netze geraten. Der Knoten um die Fluke dient dazu, tote Tiere auf den Grund des Meeres zu versenken. Und manchmal sind auch verletzte Tiere dabei wie mein Delphin, der anscheinend jung in die Hände von Fischern geriet.

Was auch immer geschah: Ich verstehe jetzt nur zu gut, dass mein Versuch in der Bucht von Kotor, den Delphin von diesem Tau zu befreien, zwar richtig, aber von Anfang an zum Scheitern verurteilt war. Wenn ein Tier Derartiges von Menschen erleidet, ist es da nicht für sein Leben geprägt, was den weiteren Umgang mit dem verwandten Säuger „Mensch" angeht? In ihrem Verhalten gestörte Tiere füllen unsere Tierheime.

Für uns ist es nur zu verständlich, wenn Tiere Rache üben. Und nach allem, was ich bisher erfahren habe, könnte ich es verstehen. Aber kennen Tiere überhaupt so etwas wie Rache? Kann Rache hinter den Angriffen auf Boote stecken? Um diese Frage dreht sich das nächste Kapitel.

Kapitel 8.
Rache.

Hypothesen über das Verhalten der Orcas gibt es unzählige. Technische und psychologische. Schillernde und trockene. Wissenschaftliche und unwissenschaftliche. Naheliegende und abstruse. Zu den populärsten Theorien zählt das Motiv der Rache.

Rache kennt jeder Mensch, Rachegedanken schweifen in den möglichsten und unmöglichsten Situationen menschlichen Miteinanders durch unser Gehirn. Vergeltung suchen für erlittenes Leid ist etwas Ur-Menschliches, das biblische „Auge um Auge, Zahn um Zahn" hält sich zäh in unserem Denken und auch in manchem staatlichen Strafrechtskodex.

Rache ist uns Menschen vertraut und nah. Und weil wir sie nur zu gut kennen, sind wir auch schnell dabei, bei prügelnden Orcas sogleich an Rache für erlittenes Unrecht zu denken. Kennen Tiere überhaupt so etwas wie Rache?

Wer über Hund und Katz nachdenkt, neigt schnell dazu, das abzutun. Aber was ist mit zerbissenen Socken, die Hunde zurücklassen, nachdem sie zu Hause eingesperrt wurden? Mit tagelang beleidigten Hunden nach dem Urlaub, weil man sie sich selbst oder der Nachbarin überließ? Mit zerrissenen Gardinen und verwüsteten Küchenregalen, mit denen Katzen sich bei längerer Abwesenheit ihrer Bezugspersonen amüsieren?

Zweifellos sind diese Verhaltensauffälligkeiten Reaktionen auf eine menschliche Aktion, die dem Ganzen voranging. Im Urlaub zurückgelassen oder in andere Hände gegeben werden, Eingesperrtsein oder Alleingelassenwerden können bei Tieren Furcht erzeugen. Oder auch Frustration. Der plötzliche Ausbruch von „Gewalt gegen Sachen" erscheint uns allzu schnell als Aggression, und gelegentlich auch als Rachetat. Als Bestrafung eines Verursachers, dem man gezielt Schaden zufügt. Aber ist das auch so?

Wenn ein Hund seinen Kot fallen lässt, wo er nicht soll, weil seine Bezugsperson abwesend ist, verstehen professionelle Hundetrainer, im Gegensatz zu uns, das in der Hundesprache auch als Ruf nach Aufmerksamkeit. Was bei uns als „Rache" ankommt, kann ebenso gut ein kommunikatives Missverständnis sein, weil wir Hundekot als ein Hundesignal wie „Hallo, ich bin hier allein!" überhaupt nicht verstehen können. Solche Missverständnisse entstehen aus unserem eng begrenzten Blick durch unsere „Brille", mit der wir mit vertrauten menschlichen Verhaltensmustern tierisches Verhalten zu erklären suchen. Das Beispiel zeigt, dass diese Brille nicht mal für die Rätsel im Zusammenleben mit domestizierten Haustieren stichhaltige Erklärungen liefert.

Orcas oder Wale sind nicht domestiziert und uns um einiges fremder als Hund und Katz. Sind Meeressäuger wie sie zur Rache fähig? Es gibt Berichte wie den folgenden, der detailliert die offensichtlich durch Rache motivierte Attacke eines Wals auf ein Schiff beschreibt. Es lohnt sich, beim Lesen dieses Berichts über einen Walangriff auf die zahlreichen Einzelheiten im Verhalten des Tieres zu achten und sie mit den Verhaltensweisen von Orcas in den bisherigen Berichten abzugleichen:

An jenem Montag im November ist das Wetter bemerkenswert gut. Ein klarer Tag mit bester Sicht, als der 23-jährige Owen Chase um acht Uhr morgens eine Herde Wale in einiger Entfernung seines Schiffes sichtet. Wenig später beobachtet er, wie 100 Meter vom Boot entfernt ein Pottwal durch die Wasseroberfläche bricht, ruhig liegen bleibt, seinen Kopf dem Schiff zugewandt. Chase erkennt zwei, drei Mal den Blas des großen Tieres, bevor es kurz abtaucht.

Chase registriert, wie das Tier zwei oder drei Sekunden später erneut auftaucht, jetzt nur noch eine Schiffslänge entfernt und mit mäßiger Geschwindigkeit auf das gleich schnell laufende Schiff zuhaltend. Er ruft dem Rudergänger zu, sofort dem Tier auszuweichen, doch der Pottwal hat noch einmal beschleunigt und trifft das Schiff hart seitlich am Bug. Der Stoß ist so gewaltig, dass Owen und seine Begleiter aufs Deck fallen, während das Schiff für einige Augenblicke bebt, als wäre es gegen einen Felsen geworfen worden. Der Wal taucht unter dem Schiff durch, auf der anderen Seite wieder auf und liegt dann für etwa eine Minute ruhig im Wasser, benommen von der Wucht seines Stoßes, bevor er sich langsam vom Schiff entfernt.

Chase muss nicht lange nachdenken. Er ist sicher, dass der Wal ein Leck geschlagen hat und Wasser ins Schiff strömt. Noch während er die Pumpen aktivieren will, erkennt er, wie sich der Bug des Schiffes langsam ins Wasser senkt. Er hat seine Beobachtung noch nicht verarbeitet, als er erneut den Wal bemerkt, der etwa einen Kilometer vom Schiff entfernt in Gischt gehüllt wie in Krämpfen das Wasser aufwirbelt und dann noch einmal am Schiff vorbei auf die andere Seite des Schiffes taucht. Chase ist noch in Gedanken bei den Pumpen, als er den Schrei eines Crew-Mitglieds hört: „Da ist er! Da! Er kommt wieder auf uns zu."

Er beschreibt seine Beobachtungen: „Ich drehte mich um und sah ihn 500 Meter vor uns, offenbar mit doppelter Geschwindigkeit. Mir erschien er mit zehnfacher Wut und Rache in seinem Gesicht, Gischt stob in allen Richtungen um ihn auf, und seinen Weg durchs Wasser auf uns zu markierte ein fünf Meter breiter Schaumstreifen, den er mit heftigen Schlägen seiner Schwanzflosse erzeugte. Sein schwerer Kopf ragte halb aus dem Wasser, und so stieß er auf das Schiff und traf es erneut. Als ich ihn auf uns zukommen sah, hoffte ich, durch eine schnelle Drehung des Ruderrads seine Attacke ins Leere laufen lassen zu können. Ich wusste, wenn er uns wieder angreifen würde, würde das unausweichlich zum Untergang unseres Schiffes führen. Ich rief dem Rudergänger zu: „Leg hart Ruder!", aber das Schiff hatte nur ein Weniges gedreht, als wir den zweiten Treffer einstecken mussten. Ich schätze, dass unsere Geschwindigkeit zu diesem Zeitpunkt etwa drei Knoten betrug und die des Wals etwa sechs. Er traf uns vorne am Bug, genau unter dem Anker, und schlug vollständig in den Bug ein. Glitt wieder unter dem Schiff durch, verschwand auf die andere Seite, und wir sahen ihn nicht mehr. Die Situation, in der wir uns zu diesem Zeitpunkt befanden, kann man sich besser vorstellen als beschreiben."

Das Schiff neigt sich innerhalb kurzer Zeit stark zur Seite, und Owen Chase vermerkt erstaunt, dass „zwischen dem Zeitpunkt der ersten Attacke und dem Kentern des Schiffes" (wie man dessen seitliches Umschlagen nennt) „nicht mehr als zehn Minuten verstrichen".

Für Chase besteht kein Zweifel. Der Wal hat gezielt und in voller Absicht gehandelt. Er kann es nicht fassen. „Selbst die erfahrensten Walfänger haben von einem solchen Fall noch nie gehört", notiert er später. „Pottwale kämpfen entweder mit Schlägen ihrer Fluke oder indem sie mit ihren wehrhaften Kiefer zuschnappen." Dieser Wal aber habe kurz nacheinander zweimal auf eine Art und Weise angegriffen, die darauf zielte, den größtmöglichen Schaden anzurichten. „Er war fürchterlich anzusehen", schreibt der Seemann, „und zeigte alle Anzeichen von bösem Willen und Wut."

Es tut nichts zur Sache, dass sich diese Vorgänge vor langer Zeit abspielten, vor ziemlich genau 200 Jahren, am 20. November 1820, auf Höhe der Galapagosinseln vor der Küste Ecuadors. Die Ereignisse lesen sich nicht nur aktuell, sie sind aufgrund ihres Detailreichtums des beobachteten Walverhaltens eine hervorragende Quelle. Der 23-jährige Amerikaner Owen Chase war zum Zeitpunkt des Unglücks 1. Maat auf dem US-Walfänger ESSEX. Bedeutsam an den Vorgängen ist, dass die Crew der ESSEX an diesem Morgen kurz zuvor zwei Wale aus der Herde harpuniert hatte, was offensichtlich die verheerende Attacke eines dritten Wals ausgelöst hatte.

Als Owen Chase nur mit dem Nötigsten versehen mit der Crew in die Rettungsboote geht, ahnt er nicht, dass von seinen 20 Begleitern nur noch fünf am Leben sein werden, als sie nach 91 Tagen auf See die Küste Südamerikas erreichen.

Wieder zuhause, verfasst Owen Chase einen genauen Bericht der Ereignisse. Durch puren Zufall fallen die handgeschriebenen Seiten zweieinhalb Jahrzehnte später einem mittelmäßig erfolgreichen Schriftsteller in die Hände, der aus Owen Chases Bericht einen Welterfolg der Literatur mit unzähligen Verfilmungen macht. Hermann Melville erzählt Owen Chases Erlebnis als Geschichte von Kapitän Ahab und dem weißen Wal Moby Dick. Sie handelt vom Rachedurst eines Kapitäns. Und von der Rache eines Wals.

Chases Bericht, den ich aus dem amerikanischen Original übersetzt habe, ist bemerkenswert detailliert und, soweit man beurteilen kann, mit seinen präzisen Zahlenangaben sowie den Beschreibungen auf Genauigkeit bedacht, wie es sich für einen leitenden Mitarbeiter auf einem Fischereifahrzeug gehört. Denn nichts anderes war der spätere Kapitän Owen Chase. Vor allem die Details in seinem Bericht sind lesenswert.

Es geht bei diesem Vorfall eindeutig um Rache, um Vergeltung. Wer sich die Details im Bericht von Owen Chase sowie die vorangegangenen Berichte in diesem Buch vor Augen ruft, entdeckt schnell Übereinstimmungen: die kurze, heftige Attacke. Das Rammen des Bugs. Das konzentrierte Vorgehen des Tieres. Die ohne Rücksicht auf Verletzung fast nach Plan abgearbeitete Reihenfolge der Zerstörung. Seine Attacke deutlich sichtbar für alle Betroffenen auszuführen statt verdeckt und unsichtbar aus der Tiefe, als ginge es genau darum: sich unverhohlen zu zeigen. Die Crew im Auge zu behalten. Und selbst deutlich gesehen zu werden. Die Augenzeugen des Vorfalls, die der Wal ungeschoren abziehen lässt, sind unabdingbarer Bestandteil des Verhaltens, als wäre dieser Vorfall nichts wert, wenn er nicht weiterverbreitet, weitererzählt würde. Reichen diese Übereinstimmungen von Owen Chase mit denen von Theo Wakefield und Katarzyna Fabularna aus, um bei den Orcas Rache als Motiv ihres Handelns zu vermuten?

Interessant ist, wo das Verhalten von Owen Chases Pottwal von dem heutiger Orcas abweicht. Während der Walfänger den Pottwal als wutverzerrte Furie beschreibt und Gischtfahnen fliegen, nähern sich die Orcas auf den letzten Metern nach den mündlichen Berichten Betroffener und vor allem in ihren Videos meist bedächtig, fast tastend und überraschenderweise alles andere als rasend. Noch auffälliger ist, dass der Autor uns ein unmittelbares Motiv liefert, das Rache als Reaktion auf eine direkt vorangegangene menschliche Aktion in Gang setzt. Dass der Pottwal das Schiff und seine Besatzung nach der Tötung von Herdenmitgliedern als Angreifer identifiziert und impulsiv attackiert. Die meisten Orca-Angriffe auf Yachten stehen in keinem kausalen Zusammenhang mit einem vorangegangenen Delikt der jeweiligen Segelcrews. Sie haben vorher weder einen Wal noch einen Orca harpuniert wie die Crew um Owen Chase.

Und noch ein weiterer Unterschied ist auffallend. In der Darstellung von Owen Chase strebt der Wal unter Einsatz aller ihm zur Verfügung stehenden Kraft den Untergang des Walfängerschiffes an. Augenzeugen, wie Theo Wakefield, Katarzyna Fabularna oder selbst Augustin Drion im Fall der versenkten französischen Yacht SMOUSSE, sprechen zwar von ihrer Angst während der Aktionen der Orcas und von vollständigem Kontrollverlust, aber sie stellen ausnahmslos fest: „Wenn sie uns hätten vernichten wollen, hätten sie das leicht gekonnt." Auch jede der folgenden Beschreibungen kommt zu dieser Einschätzung.

Haben Forscher an Orcas schon einmal so komplexe psychologische Vorgänge wie Rache beobachten können? Ulrich Karlowski von der *Deutschen Stiftung Meeresschutz* sagt dazu: „Derzeit ist noch nichts auszuschließen, und wer weiß, was noch alles kommt. Es kann sein, dass der ursprüngliche Auslöser ein negatives Erlebnis mit Jungtieren war. Alle Säugetiere reagieren da empfindlich, wenn es um die Verteidigung von Jungtieren geht. Dass Orcas sich gemeinschaftlich absprechen ‚Wir rächen uns jetzt‘, macht aber zunächst keinen Sinn.“

Unter den frühen Belegen für die Zerstörung einer Segelyacht durch Orcas wird auch häufig ein Ereignis vom 15. Juni 1972 genannt. In seinem Buch „Survive the Sea“ schildert Dougal Robertson die Versenkung seines Schoners LUCETTE fernab der Galapagosinseln durch drei Orcas und den darauf folgenden Überlebenskampf seiner Familie. Die mitreißend geschilderte Odyssee der sechsköpfigen Familie und vor allem der vier Kinder ist die eigentliche Story des Buches, die sich über eineinhalb Monate bis zur Rettung durch einen japanischen Fischer zieht.

Die Attacke der Orcas selbst bleibt in Robertsons Bestseller auf wenige Zeilen beschränkt: „Ich hatte eben den Sextanten zurück in sein Behältnis gelegt und war gerade dabei, eine halbwegs vernünftige Position zu ermitteln, als plötzlich heftige Schläge wie von einem Vorschlaghammer den Bootsrumpf unter mir trafen und mich gegen die Koje schleuderten. Das Geräusch des Aufpralls ließ meine Ohren fast im Tosen des einströmenden Wassers erstarren. Ich hörte Lyn rufen und fast gleichzeitig den Schrei ‚Wale‘ aus dem Cockpit.“

Dougal Robertson, der Skipper, hat die Wale und die Attacke nicht selbst beobachtet. Erst am Ende des Kapitels erwähnt Robertsons Sohn Douglas die Ursache: „Killerwale. In jeder Größe, es waren ungefähr 20. Sandy sah einen mit einem großen V auf seinem Kopf. Ich vermute, dass drei von ihnen unser Boot trafen.“ Auch er stützt sich auf eine Vermutung und hat die Orcas bei ihrem Angriff nicht mit eigenen Augen beobachtet. Auffallend ist die Kürze dieser Beschreibung. Wer je eine der Orca-Attacken mit eigenen Augen sah, hat sehr viel zu berichten.

Die vagen Angaben lassen insgesamt wenig Schlüsse auf die Motivation der Tiere oder den genauen Ablauf der Attacke zu.

Sie vollzieht sich unbeobachtet und im Verborgenen. Es gibt nur diesen einen Augenzeugen, aber auch Sohn Douglas hat Killerwale lediglich gesichtet und die eigentliche Attacke nicht beobachtet, er „vermutet“ drei Orcas dahinter, während sämtliche Befragten dieses Buches die Orcas sahen. Die seemännische Leistung Robertsons und ihr Überleben auf dem Meer sind nicht anzuzweifeln, ihr Buch wurde ein Bestseller und Anfang der 90er-Jahre verfilmt.

Kein Zweifel: Orcas beschäftigen unsere Phantasie. Bringen uns vielleicht die Berichte der frühesten, dokumentierten Interaktionen weiter? Die *Süddeutsche Zeitung* ist in ihrem Artikel über das aktuelle Treiben der Orcas entlang der westeuropäischen Atlantikküste vorsichtig, was den Vergleich mit früheren „Attacken aus Rache“ angeht. Es gäbe nur wenige historisch belegte Angriffe von Pottwalen auf große Segelschiffe. Sie ließen sich nicht mit den Begegnungen mit Orcas vergleichen. Und weiter: „Sie sind Raubtiere, das heißt, sie fressen andere Tiere, wie Thunfische, Pinguine und Robben, aber es gibt keinen einzigen Bericht vom Angriff eines Orcas in freier Wildbahn auf einen Menschen.“

Scheidet das Motiv „Rache“ damit aus? Ich stimme durchaus der Vermutung des Meeresbiologen Ulrich Karlowski von der *Deutschen Stiftung Meeresschutz* zu, nach der Rache als Auslöser eines Verhaltens bei einem Vorfall mit Jungtieren eine Rolle gespielt haben könnte. Die Beschädigung von mehreren Hundert Yachten und das gezielte Vorgehen gegen ein einziges Bauteil erklärt „Rache“ als Motiv bislang aber nicht. Auch wenn ein Satz wie „Die Rache des Orca“ unsere Fantasie Funken schlagen lässt, er lässt sich nicht wirklich wissenschaftlich halten. Noch bleiben Krankheit und Verletzung als Ausgangspunkt für die demolierten Steueranlagen meine heißeste Spur.

Rache wird uns noch in anderer Hinsicht weiter beschäftigen. Je mehr beschädigte Schiffe als Folge einer Orca-Begegnung bekannt werden, desto mehr brandet eine Diskussion auf über die „Bestrafung" von Orcas, die Schiffe angreifen. Rache, dieses ur-menschliche Motiv mit seiner Fähigkeit, unser Gehirn in hohem Maße durch Emotionen zu manipulieren, scheint mir am Ende charakteristischer für uns Menschen als für Orcas. Stolz darauf sein können wir nicht.

Was von diesem Kapitel allerdings bleibt: Sehr wahrscheinlich ist, worauf bereits mehrere Biologen in meinen Gesprächen hingewiesen haben: Der Ausgangspunkt des Verhaltens von aktuell 16 interagierenden Orcas aus einer Gruppe von 40 bis 50 Tieren nahm seinen Anfang bei einem einzigen Tier und weitere Tiere schlossen sich diesem Verhalten an. Aber warum? Haben sie sich abgesprochen? Gibt es einen gemeinsamen Plan, dem sie folgen? Haben sie sich zusammengeschlossen, um ihr Revier zu verteidigen oder um uns eine Warnung oder eine Botschaft zu senden? Wollen sie sich mit ihren Aktionen ihren Lebensraum zurückholen? Um Antworten auf diese Fragen zu finden, müssen wir verstehen, wie die Übertragung von Verhalten bei Walen und Delphinen funktioniert, und uns im nächsten Kapitel erneut einem zutiefst menschlichen Thema zuwenden: der Mode.

Kapitel 9.

Mode.

Freitag, 29. Juli 2022. 8 Segelstunden nördlich
von A Coruña, Nordwestspanien, 12:00 Uhr.

Es dauert drei Monate, bis die Schäden an seinem Schiff beseitigt sind. Drei Monate, bis alle Ersatzteile da sind und Thomas Kreuer daran denken kann, endlich wieder zu segeln. Als es soweit ist und er schließlich wieder alleine draußen vor A Coruña segelt, spürt er, dass nichts mehr so ist wie noch drei Monate zuvor.

„Es steckt mir tiefer in den Knochen, als ich dachte. Beim eigentlichen Ereignis war ich ruhig. Funktionierte, wie man eben in einer Notsituation funktioniert, weil ich vorbereitet war. Aber jetzt höre ich in jedem Plätschern den Blas eines Orcas wie an jenem Freitag vor drei Monaten. Ich muss jetzt mal sehen, wie ich das hinbekomme, wieder entspannter unterwegs zu sein."

Thomas Kreuer ist weit draußen auf offener See, als er an jenem Freitag Ende Juli um Punkt 12 Uhr diesen mächtigen Ruck spürt und irritiert auf das sich plötzlich drehende Steuerrad starrt. „Sonderbar. Da ist was mit dem Autopiloten nicht in Ordnung", denkt Kreuer. Als er nach dem Steuerrad greift, fühlt er, wie es ins Leere dreht. Er kann sein Boot nicht mehr steuern! Noch während er darüber nachdenkt, was passiert sein könnte, sieht er den schwarz glänzenden Torso eines Schwertwals eng neben seiner Bordwand. Er erschrickt.

Das menschliche Gehirn ist ein ungeheurer Apparat. Hundert Dinge schießen Thomas Kreuer in diesem Moment gleichzeitig durch den Kopf. Beobachtungen, Sinneseindrücke aller

Art. Emotionen. Er nimmt wahr, wie sein Gehirn die Länge des Tieres intuitiv auf 4 Meter, vielleicht 4,50 Meter schätzt, das beiläufige Schätzen von Längen gehört zu seinem Job als Werbefilmer. Sein Gehirn ordnet den Orca als Jungtier ein, während er gleichzeitig seinem Boot zusieht, wie es unter laufender Maschine in wirren Linien und Kreisen durchs Wasser schneidet und sich darüber Hilflosigkeit in ihm breitmacht. Er registriert gleichzeitig den zweiten Ruck, mit dem sich der junge Orca unter seinem 10 Meter langen Boot zu schaffen macht, sieht seinem Mitsegler die Panik ins Gesicht geschrieben, während sein Gehirn bereits fieberhaft an einer Lösung arbeitet, um sein Boot wieder manövrierfähig zu machen.

Kreuer entschließt sich, als Erstes die Küstenwache zu verständigen und ein Seenotrettungsboot anzufordern. Eine Dreiviertelstunde lang sind sie mal leichten, mal stärkeren Stößen ausgesetzt, mit denen der junge Orca sich wieder und wieder über das Ruder hermacht, dann ist er verschwunden. Wenig später ist das Boot der Seenotrettung da und nimmt die Segler in Schlepp, um sie in den nächstgelegenen Fischereihafen Cariño zu bringen. Kreuer atmet erleichtert durch.

Kaum strafft sich die fast 100 Meter lange Schleppleine unter dem Zug des Rettungsbootes, wird es erst richtig heftig. Plötzlich ist der kleine Orca wieder da, erinnert sich Thomas Kreuer. Aber er kommt nicht allein, sondern bringt seine ganze Familie mit. Mit einem Streich sind es jetzt sechs Orcas, die auf Kreuers kaputtes Ruder zielen. Sie tun das nicht planlos. Was Kreuer beobachtet, ist gespenstisch. Die Schwertwale titschen das Boot hin und her wie einen Ball, der an einer Leine hängt. Drei Orcas links, drei Orcas rechts spielen sich gegenseitig im Wechsel das schwere Boot zu. Der Skipper ist jetzt wirklich besorgt, hätte er doch nie gedacht, dass man eine Yacht seitlich so beschleunigen kann. Sie rammen das Boot seitlich wie einen Pingpongball hin und her, als würden sie sich ihren Spielball gegenseitig zuspielen.

Kreuer befürchtet aufgrund der Heftigkeit der Stöße jeden Moment ein Leck im Rumpf. Er fürchtet das Schlimmste. Doch trotz seiner Ohnmacht empfindet er, was die Orcas da mit ihm veranstalten, nicht als Aggression, sondern nur als ein Spiel. Ein Spiel, mit ihm als willenlosem, unfreiwilligen Spielzeug mittendrin.

Die Stunde bis zum Hafen von Cariño ist für Thomas Kreuer die schlimmste. Dachte er doch, er wäre in Sicherheit, sobald das Rettungsboot käme. Aber während die Orcas in ihr eigenwilliges Pingpongspiel vertieft sind und sich sein Boot als Ball gegenseitig zuspielen, fühlt er sich im Stich gelassen. Die Besatzung des Rettungsbootes, an dem er hängt, unternimmt nichts gegen das Verhalten der Tiere. Drei Orcas auf der einen Seite schubsen. Drei Orcas auf der anderen Seite warten, bis das Boot drüben ankommt. Zwei Mannschaften auf dem Schulhof mit einem Ball an einer Leine. Ihr Hebel ist sein Ruderblatt, mit dem die Tiere das Hin und Her in Gang halten.

Später, als die Yacht auf dem Trockenen steht, wird Thomas Kreuer feststellen, dass seine Rudermechanik zerstört ist, aber das Ruderblatt heil blieb. Und der Ruderschaft ist verbogen, ein 8 Zentimeter starkes Edelstahlrohr, das im Winkel von 30 Grad absteht. Kreuer wird am Ende drei Monate in der Werft liegen, weil Ersatzteile nicht lieferbar oder gerade Betriebsferien sind.

Als unser Telefonat beendet ist, denke ich über das Gespräch nach. Bislang habe ich von keinem Fall gehört, in dem die Orcas so offensichtlich ihr Spiel mit einem Boot getrieben haben.

Doch nicht nur Thomas Kreuer schlagen die Orcas ein Schnippchen, sondern auch mir. Sobald ich während der Arbeit an diesem Buch frohgemut denke, ich folgte einer Spur, die wie Krankheit oder Schmerz ihr Verhalten erklären könnte, entwischen sie mir wieder, indem sie ein gänzlich neues Verhalten an den Tag legen. Es ist wie in der Fabel Hase und Igel, bei dem der Hase glaubt, der Schnellere der beiden zu sein. Doch wo er auch hinkommt: Der Igel ist schon da, ja er gewinnt das Rennen mit einer ganz eigenen Logik.

Warum also zeigt ein junger Orca zuerst ein bestimmtes Verhalten, um wenig später mit seiner Familie (oder seinen Kumpels) zurückzukehren und mit ihnen gemeinsam etwas so Komplexes wie ein Match mit einem Boot aufzuführen? Welchem Zweck dient dieses Match, noch dazu vor hilflosen Zuschauern?

Nach dem Telefonat mit dem Skipper bin ich mit Fabian Ritter in Berlin zum Gespräch verabredet. Er ist Diplom-Biologe, leitet den Bereich Meeresschutz bei WDC, dem deutschen Ableger der *Whale & Dolphin Conservation.*

Als ich ihm von dem Pingpong erzähle, das die Orcas mit dem Boot des deutschen Skippers spielten, muss er lächeln.

„Orcas haben ungeheuer viel Grips“, sagt er, „ihr Gehirn ist frappierend unserem Gehirn ähnlich. Aber es ist doppelt so groß wie unseres und wiegt 5 Kilogramm, also mehr als dreimal so viel wie unseres. Wir sind ja immer stolz auf unsere Cortex, die Großhirnrinde, aber bei den Orcas ist noch viel mehr Cortex vorhanden und sie ist viel stärker gefaltet als unsere. Orcas besitzen dieses Gehirn schon mehrere Millionen Jahre, während wir erst seit 200.000 Jahren damit arbeiten. Wir haben es da mit einer sehr alten Intelligenz zu tun. Und wir sollten immer wieder verblüfft sein, was die drauf haben.“

Unter Großhirnrinde versteht man gemeinhin jenen oberen Bereich unseres Gehirns, in dem die Zonen für die Verarbeitung unserer Sinneseindrücke, Sprache und Kommunikation, Motorik, Denken und Planen beheimatet sind und auch weite Teile dessen, was unsere Persönlichkeit ausmacht. Wenn dieser Bereich bei Orcas mehr als dreimal mehr Raum als beim Menschen einnimmt, verstehe ich, was der Biologe mit „alter Intelligenz“ meint. Ein Wesen also, dessen Sinneseindrücke, Sprache und Kommunikation, Motorik, Denken und Planen in unterschiedlichen Graden doch ebenso entwickelt ist wie beim

Menschen, auch wenn es oberflächlich betrachtet nur dazu da ist, um Fische zu fangen.

Bei den Worten des Biologen erinnere mich an ein Foto aus dem Februar 2022. Mitarbeiter der kanadischen Meeresschutzorganisation *Ocean Wise* posteten das Foto eines Orcas, der schwimmend einen toten Lachs auf seinem Kopf balancierte. Die merkwürdige Hutmode des jungen Schwertwals machte in den Medien die Runde. Einige Tage später twitterte ein User dieses Foto und machte in seinem Tweet darauf aufmerksam, dass der im Foto identifizierte Orca Alder nicht der erste gewesen sei, der dieses Verhalten an den Tag legte: „Orca Alder (A99) schwimmt mit einem toten Fisch auf dem Kopf. 1987 begann ein Orca, überall mit einem toten Lachs auf dem Kopf herumzuschwimmen, was bald zu einer beliebten Modeerscheinung wurde, da andere Orcas dieses Verhalten schnell nachahmten.

Das Spiel mit dem Balancieren des toten Lachses ging im Sommer 1987 wochenlang weiter, bevor die Orcas, wie bei jeder Modeerscheinung, plötzlich das Interesse daran verloren und das Verhalten seitdem nie wieder beobachtet wurde. Es scheint, dass der nördlich ansässige Orca Alder das Spiel, das 35 Jahre zuvor schon einmal gespielt wurde, neu erfunden hat."

Auffallend auf dem Foto ist, dass der Fischkadaver auf Alders Kopf – anders als auf dem Foto jenes Orcas von 1987 – seiner Rücken- und Schwanzflossen beraubt ist. Irgendjemand hat dem Tier Kopf und Flossen abgefressen. Es kann ein Zufall sein.

Eine Woche später war Orca Alder mit seiner merkwürdigen Kopfbedeckung Tagesgespräch. Die örtliche Tageszeitung interviewte die *Ocean-Wise*-Mitarbeiterin Kay über den Grund für „Alders Hut": Sie berichtete, Alder sei mit seinen elf Jahren noch ein Heranwachsender, den ihre Kollegen auf dem Wasser per Drohne studiert hätten. Sie beobachteten, wie seine Mutter Clio, die vorausschwamm, zunächst den toten Lachs vor Alders

Maul platziert hatte, vermutlich um ihren elfjährigen Sprössling spielerisch den richtigen Umgang mit Beute erlernen zu lassen. Junge Orcas werden typischerweise von ihren Muttern gefüttert. Alder interagierte mit dem toten Fisch, indem er ihn erst aufnahm, drehte, wieder aufnahm, auf seiner Schnauze balancierte und wieder fallen ließ. Der Elfjährige lernte also spielend, indem er mit der Beute experimentierte und Erfahrungen sammelte.

Und die fehlenden Flossen? Sind sie Zufall? Die beobachtete Interaktion dauerte nur vier Minuten, aber die Orcas verspeisten erst das Schwanzstück und dann den Kopf. Weil beides vielleicht das Wohlschmeckendste ist? Oder weil an der Beute trainiert werden sollte, wie man auf der Jagd ein Tier bewegungsunfähig macht, wie ein Kommentator anmerkte?

Doch all das erklärt noch nicht, warum das Verhalten eines Tieres in den 1980er-Jahren plötzlich von anderen Schwertwalen der Region übernommen und von ihnen vor Publikum ebenfalls „vorgeführt“ wurde. Wiederum liefert die *Ocean-Wise*-Mitarbeiterin Kay einen Hinweis. Wenn nun eine andere Orca-Familie dazukommt, gehen die Kinder wie bei uns in eine Ecke und kommunizieren miteinander. „Das alles läuft sehr planvoll ab“, sagte Kay im Interview.

Schwertwale gehören wie bereits erwähnt zur Ordnung der Wale und Familie der Delphine, und gerade bei ihnen beobachtet man Modeerscheinungen häufiger. Zu einiger Bekanntheit brachte es das wildlebende Tümmlerweibchen Billie in der Mündung des australischen Port River. Sie beherrschte die Kunst, rückwärts mit aufrechtem Körper auf ihrem Schwanz über die Wellen zu reiten, ihre Schnauze stolz in den Himmel gereckt. Das scheint an sich wohl nicht ungewöhnlich, kennt doch jeder dieses Kunststück von dressierten Delphinen. Aber Billie war ein freilebender Delphin und niemals dressiert worden. Woher hatte Billie das Verhalten? Biologen machten sich auf die Suche und fanden heraus, dass Billie einst drei Wochen in einem nahe gelegenen Delphinarium verbracht und dabei Bekanntschaft mit fünf dressierten Delphinen gemacht hatte, die das Kunststück beherrschten. Billie selbst war nie dressiert worden, aber das war offensichtlich auch nicht nötig. Sie lernte das Verhalten durch Begegnung und Beobachtung. Und vielleicht auch durch Kommunikation mit anderen Delphinen.

Aber damit nicht genug. Wieder in Freiheit, zeigte sie ihr Kunststück vor dem Bug fahrender Schiffe. Wenig später übernahm Wave, ein anderes Tümmler-Weibchen, von Billie den Trick. Als Billie an einem Nierenversagen starb, trieb Wave die Sache auf die Spitze und zeigte sich fortan überwiegend rückwärts auf ihrer Schwanzflosse über den Wellen reitend. Wave zeigte das Kunststück so oft, dass allein schon die schiere Zahl ihrer Übungen andere Delphine dazu ermunterte, es ihr gleichzutun. Unter ihnen war auch Waves Tochter Ripple, die ebenfalls das Verhalten nachahmte. Zwei Jahre hielt das Phänomen und erreichte seinen Höhepunkt, doch dann schwand das Interesse bei den freilebenden Delphinen, und das Kunststück verschwand, wie es gekommen war. Wieso Billie dieses Verhalten übernommen hatte und wozu andere es nachahmten, bleibt rätselhaft, dient es doch weder dazu, um bei der Jagd oder bei der Partnersuche erfolgreicher zu sein.

Langlebiger ist ein besonderes Verhalten bei australischen Tümmlern, auf das mich Fabian Ritter von der *Whale & Dolphin Conservation* aufmerksam macht. Dort beobachtete man über einen längeren Zeitraum ein Tümmlerweibchen mit einem Schwamm auf der Schnauze. Schwämme sind keine Pflanzen, sondern Meerestiere ohne Muskeln und Nerven, die am Meeresboden gedeihen und sich von eingespülten, verdaubaren Resten ernähren. Als man dem ungewöhnlichen Verhalten nachging, fand man heraus, dass das geniale Delphin-Weibchen den Schwamm bewusst als Schutz und Werkzeug über die Schnauze stülpte, um sich beim Wühlen nach Kleintieren im harten Meeresboden nicht zu verletzen.

Zunächst wurde der trichterförmige Mundschoner erst bei einem Weibchen beobachtet. Dann übernahm auch ihre Schwester diese Technik. Dann die Enkelin. Und später auch die Männchen der Gruppe. Der Schwamm als Schnauzenschoner bei der Nahrungssuche etablierte sich und existiert nun seit mindestens sechs Delphin-Generationen in der Region.

Bemerkenswert an diesen Beispielen ist zweierlei: wie Verhalten innerhalb einer Gruppe von Delphinen überhaupt kopiert und übernommen wird. Wie sich im Verlauf der Weitergabe die ursprünglich zugrunde liegenden Motivationen verändern können.

Im ersten Beispiel beginnt das Spiel des Orcas Alder mit dem Fisch offensichtlich zweckgerichtet als Trainingseinheit zum Thema „Nahrung und Beute". In den 1980er-Jahren hatte ein anderer Orca schon einmal einen Fisch auf dem Kopf balanciert, wie Fotos belegen. Andere Orcas hatten dieses Verhalten kopiert, möglicherweise zum Spaß, ohne dass das Verhalten dieser Nachahmer ebenfalls im Zusammenhang mit dem Training von „Nahrung und Beute" stand. Die ursprüngliche Motivation war verloren gegangen.

Zweckbefreit und spaßorientiert mutet Billies gezieltes Erlernen einer akrobatischen Übung von dressierten Artgenossen an. „Gibt es bei Walen, den sogenannten Cetaceen, Modeerscheinungen aus Spaß", frage ich den Meeresbiologen Jörn Selling, und ergänze meine Frage, indem ich wissen will, ob sie auch im Zusammenhang mit beschädigten Rudern eine Rolle spielen können.

„Manchmal machen sie etwas, einfach weil es ihnen Spaß macht. Ein Verhalten, das kommt, das sie übernehmen, weil andere es machen", antwortet er.

Aber die Dinge sind weitaus komplexer, wenn man sie auf Orcas überträgt, wie man an nachfolgendem Gedankenspiel sieht: Wenn man annähme, das Orca Lucia mit der durch Netze oder Fangleinen verstümmelten rechten Flosse aus einer bestimmten Motivation heraus (in Lucias Fall Rache) ein bestimmtes Verhalten begann, wie etwa „Ruderblätter rammen und zerstören“, und Jungtiere dieses Verhalten zu Trainingszwecken adaptierten, dann ist es wie im Fall der Delphine Billie, Wave und ihrer Tochter durchaus möglich, dass dieses Verhalten zwar eins zu eins übernommen wird, aber die ursprüngliche Motivation von Billie oder Lucia bei ihren Nachahmern verloren geht. Oder sich mit jeder Übernahme ändert.

Wäre bei unserem Gedankenspiel der Ausgangspunkt Lucias Rache, dann könnte die Motivation von Nachahmern eine ganz andere sein. Zum Beispiel an einem wehrlosen Objekt risikolos das Erlegen von Beutetieren durch Abbeißen der Flossen zu trainieren. Oder sich einfach nur denselben Spaß zu machen wie die anderen Jungbullen auch. Und mal ehrlich: Wo kann man denn schon so toll vor beeindrucktem Publikum Spaß haben wie mit einer wehrlosen Segelyacht?

Kann es sein, dass Orcas so denken und nur ihren Spaß in ihrem Treiben sehen, nicht aber die Angst einer Crew, die Sorge eines Skippers um sein Fahrzeug, an dem sein Leben und das seiner Crew hängt? „Vielleicht ist es für die Orcas etwas total Abgefahrenes“, vermutet Fabian Ritter.

„Das Verhalten verselbständigt sich. Es scheinen eine Menge Emotionen im Spiel zu sein. Die Orcas agieren miteinander, indem sie das Boot als Spielzeug benutzen und gleichzeitig eine starke Botschaft an die Besatzung senden: ‚Mit dem Seenotboot ist die Sache noch nicht vorbei. Wir können auch zu sechst hier aufkreuzen, genauso wie ihr. Wir danken Euch recht schön für das Pendel, das ihr da jetzt drangebaut habt. Das beschert uns zusätzlich einen ganz neuen Spaß.‘“

Es gab auch nicht nur harmlose Modeerscheinungen bei Orcas, sondern auch solche, die mit Zurschaustellung von Kraft zu tun haben. Ich erinnere mich an das Video eines Orca-Männchens, das Gefallen daran hatte, die Anker von Booten aus dem Meeresboden zu zerren und die Yachten an der Ankerkette hinter sich her durch die Bucht zu ziehen. Fabian Ritter denkt in solchen Fällen an Kraftmeierei und sieht die Ursprünge solchen Verhaltens auch bei den Ruderattacken folgendermaßen:

„Ich nenne sie Rüpel-Orcas. Es waren anfangs einzelne Jungmännchen, die auf Krawall gebürstet waren. Jetzt haben sie gelernt, sie können provozieren. Sie haben Gefallen daran gefunden. Meine beste Erklärung: Irgendeiner hat damit angefangen, seine Brüder, Kumpels haben eingestimmt und jetzt setzt sich das Verhalten weiter fort. Es ist ein ganz normaler, traditioneller Vorgang, dass sich Wissen verbreitet. Denn sie verbringen nun mal ihr ganzes Leben in einer Gemeinschaft."

Als hätte der Walschützer meine Gedanken erraten, dass die Orcas auch mir ein Schnippchen schlagen, fügt er hinzu: „Unsere Ansätze, etwas zu erklären, dienen dazu, Muster zu erkennen. Es hilft immer, sich in die Tiere hineinzuversetzen. Es hilft ungemein, die Sache mit ihren Augen zu sehen. Am Anfang ist etwas, das sie machen, nur ein Trend, der vielleicht für ein paar Wochen hält. Bleibt der Trend und machen andere mit, wird es Mode für eine oder mehrere Saisons.

Hält es länger, wird es Tradition für eine Generation. Bleibt es, dann nennen wir es Kultur. Aber um beurteilen zu können, ob beispielsweise die Attacken auf Ruder wirklich Kultur werden, müssten wir bei den Orcas in 100 Jahren noch mal nachfragen. Es ist für mich immer am interessantesten zu sehen, was aus einem bestimmten Verhalten wird."

Was der Biologe Fabian Ritter da in einen kausalen Zusammenhang bringt, ist nichts anderes als eine Erklärung für die Entstehung menschlicher Kultur, erklärt am Beispiel der Orcas. Am Anfang steht ein kurzlebiger Trend, den man auch mit dem englischen Begriff „fad", für Marotte, beschreibt. Aus dem kurzlebigen Trend wird eine Mode. Aus der Mode eine Tradition. Und wenn es bleibt: Kultur.

Ich begreife plötzlich, dass das gegenwärtige Verhalten der Orcas aus einer augenblicklichen Marotte entstanden sein könnte, die mittlerweile zum Trend geworden ist, der sich ausweitet. Dass sie die „Mode“ kennen, über einen Zeitraum hinweg einer bestimmten Regel zu folgen, nach der sie bestimmte Dinge tun wie tote Fische auf dem Kopf zu tragen oder mit einem Boot zu spielen, so wie wir Menschen bei unserer Kleiderordnung Moden folgen. Mir dämmert auch, wenn Fabian Ritter Recht hat mit seiner Kulturdefinition, dass das Verhalten der Orcas uns möglicherweise länger beschäftigen wird, als uns lieb ist. Und dass es sich auch variantenreich weiterentwickelt bis hin zu einem Pingpong-Match zwischen zwei Dreierteams.

Mode hat mit Spaß zu tun. Mode bedarf des Miteinanders, funktioniert nur im Miteinander. Mode ist auch eine Botschaft. Am meisten aber beschäftigen mich die unmittelbaren Konsequenzen aus Fabian Ritters Modell, wie Kultur entsteht. Ob das Beschädigen von Yachtrudern bereits eine Mode bei den Orcas ist oder erst noch Trend? Diese Frage zielt darauf, ob das Verhalten noch mehr Tiere übernehmen werden. Wir werden das im kommenden Sommer sagen können, ob die Zahlen steigen wie bisher.

Was wir nach diesem Kapitel wissen, ist, wie Orcas ein Verhalten innerhalb einer Gruppe übertragen. Krankheit, Schmerz, aber auch eine vollkommen zweckfreie Marotte wie „Yachtruder anrempeln“ könnte also der Ursprung eines Verhaltens sein, das ein Orca in die Welt brachte, das andere Orcas später „erlernt“ und fest in ihr Repertoire übernommen haben. Aber ebenso gut könnte neben diesen „Einzelmotivationen“ als Ausgangspunkt auch etwas anderes eine Rolle spielen. Etwas, das zwar aus Spaß gelernt wird, sich aber aus einem ernsten Grund entwickelt hat: dem Kampf um Futter. Im nächsten Kapitel müssen wir uns daher dem Thema „Hunger“ widmen.

Kapitel 10.
Hunger.

Freitag, 16. September 2022. 5 Seemeilen südlich Barbate, Costa de la Luz, Südspanien, 12:00 Uhr.

Es ist nicht weit von der südspanischen Hafenstadt Barbate bis zur Bucht von Bolonia. Mit einem Boot sind es knapp zwei Stunden. Und noch einmal zwei Stunden, dann erreicht man die Straße von Gibraltar, das Tor zum Mittelmeer.

Bis zum Sommer des Jahres 2020 war der Ort Barbate eher unbekannt, in den Häusern zwischen Fischereihafen, Strand und Fluss kennt man gute Zeiten und schlechte Zeiten besser als anderswo. Einst war Barbate als Spaniens Zentrum des Thunfischfangs wohlhabend geworden. Dann brachte es der Ort zu trauriger Berühmtheit. Als die Thunfischschwärme weniger wurden und der Fischfang einbrach, verkümmerte der Ort und erreichte mit über 40 Prozent regelmäßig die höchste Arbeitslosigkeit unter den Kommunen Spaniens, ab 2010 schnellte sie auf 55 Prozent. Der Drogenkonsum unter Jugendlichen stieg, marokkanisches Haschisch ist in Barbate zum Greifen nah wie die marokkanische Küste. Drogenschmuggel wurde Nebenerwerb und Mutprobe für Jugendliche ohne Perspektive.

Man könnte sagen, Barbate wurde Opfer der dezimierten Thunfischschwärme, denn der Ort lebt von der Jagd auf den Thun. Im Juli 2020 geriet Barbate erneut in die Schlagzeilen.

Erstmals hatte eine kleine Population von Orcas, die hier alljährlich den Thunfisch jagen, das Ruder einer Segelyacht zerstört. Hier vor Barabate hatte alles begonnen und zwei Jahre später ist Barbate immer noch einer der drei Hotspots mit den häufigsten Attacken durch Orcas auf die Ruder von Booten.

An einem Mittag im September werfen Yara Tibirica und ihr Lebensgefährte Jon in Barbate die Leinen los und steuern ihren Katamaran SLUG HUNTER, „Schnecken-Jäger“, um die Mole aus dem Hafen. Der Name kommt nicht von ungefähr. Yara ist Biologin und erforscht das Leben der Meeresschnecken, an sich unscheinbare Tiere. Doch niemand weiß genau, wie viele Schneckenarten es gibt. Man vermutet über 40.000 Arten, 10.000 Arten davon bevölkern die Böden der Ozeane, aber diese Zahl dürfte weit zu niedrig sein, weil unser Wissen über sie mit den Brandungszonen endet und keinesfalls bis zu den Schnecken reicht, die sich um die Schlote der Tiefseevulkane tummeln. Yara ist Taxonomin, sie forscht nach neuen Schneckenarten und konnte bislang ein Dutzend bis dahin unbekannte Arten entdecken.

Ihr Mann Jon hat den kleinen Katamaran soeben über den Atlantik nach Spanien zurückgesegelt, um mit Yara Urlaub zu machen.

Einen Tag später ist Yaras Urlaubsfreude verflogen.

Yara und Jon wissen, dass 40 bis 50 Orcas in diesem Meeresgebiet ihr Jagdrevier haben und ihre Beute der Rote Thun ist – einer der drei Arten des Blauflossenthunfischs. Dass sie den Thunfischschwärmen, die seit ewigen Zeiten ins Mittelmeer ziehen, um dort zu laichen, bis hierher und nicht weiter folgen. Dass die Orcas genau an dieser Stelle darauf warten würden, bis die Schwärme jetzt im Spätsommer nach dem Laichen aus dem Mittelmeer zurückkehren und entlang der europäischen Atlantikküste nordwärts ziehen. Die Orcas vor Barbate würden dann ihrem Futter, dem Thunfisch, ein zweites Mal folgen und ihre Jagd nach Norden, vor die Küsten Portugals und vor allem Galiziens, verlegen.

Yara und Jon haben Vorkehrungen gegen eine unliebsame Begegnung mit den großen Jägern getroffen. Als sie den Hafen verlassen, stellen sie den Windgenerator ab, damit dessen Vibrationen nicht die Orcas auf sie aufmerksam machen würden. Obwohl sie planen, mit ihrem Katamaran nah unter der Küste zu segeln, werden sie auch das Echolot abschalten, um nur kein unnötiges Geräusch zu erzeugen. Sie laufen ohne Maschine unter Segeln und ziehen ihr Schlauchboot, das Dinghi, im Abstand von etwa 25 Metern hinterher. Um unbemerkt zu bleiben, wollen Yara und Jon auf leisen Sohlen zwischen der Küste und der Exclusion Zone, der Region, die aufgrund der Vorfälle für Boote gesperrt ist, den Schwertwalen entwischen.

Als Jon den ersten Orca in 100 Metern Entfernung ausmacht und kurz darauf einen zweiten, ist Yara überrascht, wie kraftvoll die Tiere auf das Heck der SLUG HUNTER zuschießen. 7 Meter sind beide lang, jugendliche Bullen, bemerkt sie. Und dass die beiden schnell herankommen. Megaschnell. Nicht einmal das Dinghi hinter dem Boot kann sie dabei irritieren, zielsicher auf das Heck des Katamarans zuzusteuern, als hätten sie nur eines im Visier: seine zwei Ruderblätter.

Zunächst empfindet Yara die Tiere nicht unbedingt als aggressiv. Eher wie zwei lästige Rowdies, die vor einem gemütlichen Pub aufkreuzen und harmlose Besucher anpöbeln. Als sich einer tastend dem rechten Ruder nähert, startet Yara ihren Verteidigungsplan. Klirrend lässt sie ein Metallrohr auf die Badeleiter im Heck niedersausen, um die lärmempfindlichen Orcas mit lauten Schlägen auf das Metall zu verscheuchen. Auch der Bordhund Comex, den Yara nach dem gleichnamigen französischen Projekt zur Erforschung der Tiefsee benannt hat, macht Lärm. Er kläfft jetzt erregt von der Heckkante ins Wasser. Weder das Hundegebell noch die dumpf klingenden Schläge halten die Orcas zunächst von ihrem Tun am Ruder ab. Yaras größte Sorge betrifft Comex, der zu den Jungbullen ins Wasser fallen könnte. Er ist erregt. Statt wie üblich ruhig im Cockpit zu bleiben, ist er alarmiert, hastet nervös hin und her. Er sieht die Orcas. Es ist, als spüre er die Bedrohung.

Die Orcas ändern nun ihr Verhalten, lassen sich um einige Meter bis zum Dinghi zurückfallen. „Sie verschwinden!“, ruft Yara erleichtert, um den Bruchteil einer Sekunde später zu registrieren, dass die Ruderattacken weitergehen. Zwei Orcas, an jedem Ruder einer, während Yara weiter auf die Badeleiter drischt. Wieder lassen sich die beiden Orcas zurückfallen. Sie interessiert jetzt das Dinghi und sie verschwinden darunter, um es sich von unten zu betrachten. Ob die Lärmerei sie vertrieben hat?

Yara filmt, wie ein Orca zweimal kraftvoll in den Wellen springt, dann knapp hinter dem Dinghi herjagt. Das kleine Schlauchboot erst anstupst. Dann beginnt, es in die Luft zu schleudern, als wäre es Beute oder ein Spielzeug. Hilflos schießt das Schlauchboot jetzt hinter ihnen hin und her.

Als Biologin ist Yara gewohnt, exotische Lebewesen wie Schnecken genau zu beobachten. Jetzt registriert die Biologin jede Bewegung der beiden Orcas. Was sie sieht, gefällt ihr nicht. Für sie und Jon ist das alles kein Spiel. Sie sorgen sich um ihren Hund Comex und um ihr Schiff. Die Fahrt zu unterbrechen, wie die Küstenwache es ihnen empfiehlt, kommt für sie nicht infrage. Sie wollen die Orcas abschütteln und noch näher an den Strand. So nahe wie irgend möglich. Der geringe Tiefgang ihres Zweirümpfers ist ihre effektivste Waffe, sie hoffen, dass ihnen die beiden halbstarken Schwertwale nicht ins flache Wasser folgen und daher von ihnen ablassen.

Doch die Orcas wechseln freudig und unbeirrt zwischen Ruder und Schlauchboot hin und her. Einer der beiden wirft weiter das Dinghi in die Luft. Yara wundert sich, warum die Tiere das Schlauchboot nun mindestens so interessant finden wie die Ruder des SLUG HUNTER. 25 Minuten dauert ihre Begegnung, dann sind Yara, Jon und Comex wieder allein und steuern die nahe Bucht von Bolonia an, wo Jon ins Wasser steigt, um die Ruder zu kontrollieren. „Ein Ruder ist stark verbogen“, ruft er aus dem Wasser „aber nicht zersplittert“.

Dass ihre Ruderblätter unversehrt sind, hat mit der soliden Bauweise der SLUG HUNTER zu tun, sie sind aus massivem Sperrholz gebaut. Stattdessen hat das Metallrohr des Ruderschafts, die Verbindung zwischen Pinne und Ruderblatt, nachgegeben. Die Orcas haben es einfach verbogen, doch die Reparatur in einer Metallwerkstatt ist vergleichsweise einfach.

Am Ende unseres Telefonats frage ich Yara Tibirica, ob sie nach ihrer Begegnung mit den beiden Schwertwal-Bullen eine Vermutung über die Ursachen ihres Verhaltens entwickelt hat. Sie ist ein analytisch denkender Mensch, der Ursache und Wirkung von kleinsten Veränderungen zu erkennen gelernt hat. Als Biologin sorgt sie sich vor allem um das Gleichgewicht in der Natur und darüber, dass die Dinge auch für die Orcas aus dem Ruder laufen. Sie hat eine Theorie entwickelt:

„Ich glaube, alles hängt mit der Fischerei und mit den Thunfischbeständen hier an der Küste zusammen. Meine Theorie ist, dass es mit dem Roten Thun zu tun hat, den man auch Blauflossen-Thunfisch nennt. Vor einigen Jahren fingen die Fischer an, eine neue Methode des Thunfischfangs einzuführen. Sie kommt aus Japan, wo Thunfisch mittels Ködern gefangen wird, die an langen Leinen ausgebracht werden. Mit dieser neuen Fangmethode geht alles sehr schnell. Ich frage mich, ob die Orcas dadurch nicht mehr so einfach an ihr Futter gelangen?“

Ob Yara Recht hat mit ihrer Vermutung? Um ihr nachzugehen, müssen wir erst der Spur des Thunfischs folgen und die beginnt nicht auf dem Atlantik vor Gibraltar oder im Mittelmeer, sondern in meiner Kindheit. Bereits im Vorschulalter war ich ein miserabler Esser. Ich mochte kein Fleisch. Ekelte mich vor tierischem Fett. Verweigerte ein halbes Jahr die Nahrungsaufnahme, wie Kinder das manchmal einfach tun. Es geschah nicht aus Trotz, und erklären konnte ich mein Verhalten auch nicht. Es gab nur drei Dinge, die mich zum Essen verführen konnten. Käse. Forellen. Und, als ich älter war, Thunfischsalat. Es war ein typisches Gericht der frühen Siebziger, dessen Hauptbestandteile Mayo aus der Tube und Thunfisch aus der Dose waren. Vielleicht war es die magere Konsistenz des Thunfischfleischs – ich liebte es.

Auch wenn der Thunfischsalat wieder aus meinem Leben verschwand: Thunfisch blieb auf dem Speisezettel und tauchte in verschiedensten Kostümen immer wieder von Neuem in meinem Leben auf. Mal kam er als gegrilltes Thunfischsteak Anfang der 1980er-Jahre in Malta auf meinen Teller. Im Studium kreuzte er als Dauer-Pastasauce auf und begegnete mir später als Pizzabelag. Ich wurde älter, mein Gaumen anspruchsvoller. Bei Geschäftsessen erschien der Thun als „Thunfisch-Carpaccio mit Limone und gehobeltem Parmesan", gefolgt vom Hauptgang „Thunfischfilet ‚medium' in Zimt-Sesam-Kruste auf Chili-Mango-Salat". Ich wurde älter, doch der Thunfisch wich nicht von meiner Seite. Heute kommt er nackt als Sushi und Sashimi auf meinen Teller, geziert von einem Tröpfchen Sojasauce und einer Perle grünem Wasabi. In der Mittagspause ziert der Thunfisch im nahen Supermarkt meinen Salat oder lacht mich an der Straßenecke als Thunfisch-Wrap auf die Schnelle an.

Der Thunfisch und ich – wir könnten Stoff für eine Sozialgeschichte hergeben. Oder für meine Lebensbeichte. Wenn ich darüber nachdenke, wie viel Thunfisch ich im Leben verzehrt habe, könnte das vermutlich leicht die Menge sein, die eine Orca-Mutter an ihr Junges verfüttert. Orca-Mütter gebären und erziehen immer nur ein Kalb, das sie bis weit ins elfte Lebensjahr füttern, fast so lang wie ein Menschenkind, wie wir an dem Orca Alder im vorherigen Kapitel „Mode" gesehen haben.

Hinzu kommt, dass Orca-Populationen nicht wahllos wie beutegierige Haie nach allem schnappen, was ihnen vor den Rachen kommt. Orcas sind hochspezialisierte, intelligente Jäger – und faule dazu, weil sie, wie der Tierfilmer David Reichert vor der Antarktis auf den Crozetinseln beobachten konnte, lediglich 10 bis 15 Prozent ihrer Zeit für die Jagd aufwenden.

Faulheit und Intelligenz ist bei Menschen häufig ein Garant für Erfolg. Die beruflich erfolgreichsten Menschen, die ich kennenlernte, besaßen diese Eigenschaft, während die Kombination „dumm und fleißig" weniger erfolgversprechend ist. Orcas jedenfalls besitzen Faulheit und Intelligenz. Es brachte sie dazu, sich je nach Revier auf möglichst wenige Arten von Beutetieren zu spezialisieren, die in ihrem Lebensraum allerdings vor allem eines sind: zahlreich. Wie wir im nächsten Kapitel über ihre Jagdtechniken sehen werden, ist die Beute der Orcas vor der Westküste Spaniens eine andere als vor den Küsten der Antarktis, Australiens oder der Baja California. Es geht dort nicht um Lachs, Robben, Haie oder Wale, sondern einzig und allein um den Thunfisch.

Bei diesem speziellen Beutetier gibt es zu den genannten anderen einen gravierenden Unterschied: Vor Gibraltar waren die Schwertwale niemals allein auf der Jagd nach dieser Beute. Ihr größter Konkurrent ist wie sie meist faul und im Rudel in hohem Maße intelligent. Ein Säuger und Jäger – und ein noch gerisseneres Raubtier auf der Jagd: der Mensch.

Bereits früh waren Orcas in der Straße von Gibraltar so intelligent, nicht auf Konfrontation mit diesem Wettbewerber zu setzen, sondern auf Beobachtung, Lernen und auf Kooperation. Am Anfang stellte der Mensch von Booten aus den wandernden Thunfischen nach. Eine mühsame Methode, bei der die Jäger trachteten, ein großes Tier zu erlegen. Es reichte, um sich einen Vorrat zu schaffen. Wahrscheinlich schon vor knapp 3.000 Jahren änderte der Mensch seine Jagdstrategie. Küstenbewohner stellten, wo die Thunfische entlangzogen, Fallen auf. Phönizier haben in den Fels einer Höhle in der Nähe von Barbate das astrologische Zeichen für Widder gehämmert, das auffallend dem von oben betrachteten grauen Sattel der Orcas ähnelt, möglicherweise ein Hinweis, dass sie Orcas als Nahrungskonkurrenten beim Thunfischfang näher kannten. In der Frühzeit waren es einfache Netze, die auf der Reiseroute des Thuns am

Meeresgrund verankert wurden. Mit den Jahrhunderten wurde das System der Netzfallen kaum verändert. Erst die Industrialisierung machte um 1840 aus den alten Stellnetzen eine ökonomisch organisierte Produktionsmethode.

Um das zu verstehen, müssen wir dem Thunfisch auf seiner frühsommerlichen Wanderung zu seinen Laichplätzen tief ins Mittelmeer folgen, bis nach Sizilien und die westlich vorgelagerte Insel Favignana. Dort befindet sich eine ehemalige „Tonnara“, eine frühe Thunfisch-Konservenfabrik, die zum heutigen Industriemuseum umgebaut wurde. In ihr kann man an Modellen die Funktionsweise einer neuzeitlichen Anlage studieren, die nicht mehr dem aufwendigen Fang einzelner Fische dient, sondern dem massenhaften Erlegen und Verarbeiten von Thunfisch.

Etwa seit 1840 errichteten Arbeiter im Frühjahr zwischen den Inseln ein System aus Stellnetzen, das wie eine gigantische Reuse aus aufeinander folgenden Netzkammern bestand. Eine erste Kammer, in die unter der segnenden Figur einer Madonna die vom Atlantik heranziehenden Thunfischschwärme ins Netzsystem eindrangen wie in einen langen Korridor. Darauf folgende Kammern konnten geschlossen werden, um dem Schwarm den Rückweg abzuschneiden und gleichzeitig Jungfischen, die für die Reproduktion des Schwarmes notwenig waren, durch große Maschen die Flucht nach draußen zu ermöglichen. Nur die größten Fische sollten in die letzte Kammer gelangen, die „Camera della morte“ oder „Kammer des Todes“.

Fotos aus dem 19. Jahrhundert zeigen die Männer von Favignana, die auf langen Kähnen diese letzte Kammer umringen, sobald sie voller wimmelnder Leiber ist. Auf Kommando heben die Männer das Bodennetz der Kammer Zentimeter für Zentimeter an. Der Lebensraum der Tiere verengt sich, sie werden panischer und panischer. Schlagen um sich. Verletzen sich bei dem Versuch, nach unten zu flüchten, wo ihr sauerstoffspendendes Element Wasser ist und wo der dicht gedrängten Masse schlagender Körper noch weniger Wasser zum Atmen bleibt. Während ein

Teil der Männer Stück für Stück den Tieren den Lebensraum nimmt, schlagen andere Stangen mit eisernen Haken in die wirbelnden Tiere, um sie über den Netzrand in Lastkähne zu zerren, wo die bis zu 4 Meter langen Tiere nach Luft schnappend verenden. Am Abend, wenn die „Camera della morte“ leer und für den folgenden Tag vorbereitet ist, rudern die Lastkähne zurück zur Fabrik von Favignana, ein gemeinsamer Schrei verkündet den Bewohnern am Ufer, dass die Jagd erfolgreich war.

Das Entladen der Tiere am Ufer. Abhacken der Köpfe. Ausbluten der kopflosen Rümpfe an Reihen langer Holzgalgen, die „il bosco“, der Wald, heißen. Zerlegen und kunstfertiges Zerteilen der Fischleiber und Kochen in Reihen langer Siedekessel, deren Dampf über der Siedlung zum Geruch des sizilianischen Inselsommers gehört. In der letzten Station das Sortieren und Einfüllen der Fleischstücke von Hand in Dosen, die in der Metallwerkstatt der Fabrik hergestellt wurden. Zuletzt begießen Frauen zur Konservierung den gekochten Thunfisch mit Olivenöl von den Inseln, bevor jede Dose verschlossen und etikettiert wird und als farbenfroh beklebte Thunfischdose in Restaurants und jede Wohnung kommt.

Thunfisch ernährte vor allem die großstädtische Bevölkerung in den Städten des Nordens. Thunfisch war eine von vielen Antworten, wie man ab 1840 bis weit in die 1960er-Jahre die durch die Industrialisierung anschwellenden Industriestädte im Norden Italiens, Deutschlands, Frankreichs und Spaniens ernähren sollte. Doch bereits in den 1950er-Jahren erschienen immer weniger Thunfische vor der Insel Favignana. 100 Jahre nach der Kommerzialisierung brach die Produktion von Thunfisch-Konserven auf der Insel ein, die Tonnara Favignana schloss ihre Tore, bis die sizilianische Regierung sie im vergangenen Jahrzehnt zu jenem sehenswerten Industriemuseum ausbaute.

Eine Tonnara wie Favignana und Thunfischstellnetze standen überall an der Küste Siziliens. Und an der Sardiniens. Und auf Korsika. Und stellenweise hinauf bis in die abgelegene Adria. Es gab sie an hundert und aberhundert Stellen des Mittelmeers rund um Inseln und entlang der Küsten, an denen die Thunfischwärme jeden Sommer vorüberzogen. Und es gab sie an der Atlantikküste, vor den Orten Barbate und Zahara de los Atunes, wo das Phänomen der Orca-Angriffe erstmals beobachtet wurde.

Wie alle Orte hatten auch Barbate und Zahara de los Atunes viele Jahrzehnte mit Kammern aus Stellnetzen gearbeitet, sie kannten die „Camera della morte“, die vor der spanischen Küste „Almadabra“ heißt, nach dem arabischen Wort für „Kampfplatz“. Die Almadabra verhalf Generationen von Fischern und Arbeiterfamilien zu einem Auskommen, den Fabrikanten zu Reichtum – und den auf Thun fixierten Orcas vor Gibraltar zu ihrem Futter. Küstenjäger wie sie, die Jahr für Jahr den Thunfischschwärmen entlang der Atlantikküste nachzogen, hatten begriffen, dass es deutlich einfacher war, sich aus dem Netzsystem der Almadabras zu bedienen, als dem schnellen Räuber Thunfisch kraftraubend nachzujagen. Ganze Orca-Gruppen hatten sich vor der Küste zwischen den Thunfischorten Conil und Zahara darauf spezialisiert, sich in die Stellnetze zu schleichen und noch vor den Fischern zu ernten.

Doch ab den 1990er-Jahren entwickelten sich die Dinge vor Barbate und Zahara de los Atunes wie 30 Jahre zuvor in der 1.500 Kilometer weiter östlich im Mittelmeer gelegenen Tonnara von Favignana. Immer weniger Thunfisch zog die Küsten entlang ins Mittelmeer, noch weniger kehrten aus dem Mittelmeer zurück. Die traditionellen Orte des Thunfischfangs wurden zu Problemzonen und Orten des wirtschaftlichen Niedergangs. Und Barbate geriet zum Ort mit der höchsten Arbeitslosenquote Spaniens.

Gute Zeiten waren es für die Thunfischbestände vor der Costa de la Luz und damit auch für die Orcas. Denn der Thunfisch für die industrialisierte Welt kam nun von anderswo. Von Fangschiffen im Atlantik und Pazifik, die große Teile des Arbeitsablaufs einer Tonnara auf eine schwimmende Fabrik auslagerten, immerhin FAO-zertifiziert und mit MSC-Siegel ausgestattet.

Das Geschäft mit dem Thun machten in jenen Jahren andere als die Fischer von Barbate, Zahara oder Favignana. Statistiken der UN-Welternährungsorganisation FAO zeigen, dass heute jährlich etwa 6 Millionen Tonnen Thunfisch aus den Ozeanen geholt werden, etwa die zehnfache Menge dessen, was 1950 gefischt wurde. Wie viele moderne Trawler braucht es, um diese ungeheure Menge aus dem Meer zu hieven?

MSC, das Marine Stewardship Council, und als gemeinnützige Organisation nicht zu verwechseln mit dem gleichnamigen Kreuzfahrt-Veranstalter, wurde Ende der 1990er-Jahre von Lebensmittelkonzernen und dem World Wildlife Fund gegründet. Die Organisation widmet sich seither dem Aufbau einer nachhaltigen Fischerei und geht in ihrer Schätzung sogar von einer Verzwölffachung des Fangs seit Verschwinden der Tonnara von Favignana aus. Thunfisch, so hält MSC fest, ist heute „der wirtschaftlich bedeutendste Speisefisch weltweit" und „der Thunfischkonsum nimmt zu – global, in Europa und in Deutschland." Ob Thunfisch-Sushi, Tuna-Wrap oder das in der letzten Saison nicht nur in Kroatien so beliebte Thunfischsteak vom Grill: Wir sind dabei.

Doch kehren wir zurück an die Küste von Barbate und zu Yara Tibiricas Vermutung, das Problem mit den Orcas liege quasi in der Thunfischdose. Die Dinge in Barbate liefen schlecht, bis dort ausgerechnet der Sushi-Boom der Jagd auf den Roten Thun, den man auch Blauflossen-Thunfisch nennt, neues Leben einhauchte. Ausgehend im Japan der 1970er-Jahre hatte der Run auf Sushi und konsequenterweise auf den dafür notwendigen frischen Fisch auch den Westen erfasst und sorgt bis heute nicht nur im thunfischhungrigen Japan für hohe Nachfrage. Statt Massengeschäft mit Milliarden Blechdosen lohnt sich plötzlich wie vor 3.000 Jahren wieder die Jagd auf den einzelnen Fisch, wenn in Tokio teilweise 6.000 Euro, im Extrem gar bis zu 10.000 Euro für makellosen Roten Thun in Sashimi-Qualität bezahlt werden – pro Kilo.

Die Fischer vor Barbate änderten ihre Fangmethoden und wechselten ihre Jagdstrategie. Und auch ihre intelligenten Nahrungskonkurrenten taten, was sie jahrhundertelang bei den Stellnetzen getan hatten. Statt in direkte Konkurrenz mit den Menschen zu gehen, nutzen die Orcas die neuen Methoden zu ihrem Vorteil.

Statt monatelang Netzkammern auf- und abzubauen, fahren die Fischer meist in der Morgendämmerung hinaus. Um die durchziehenden Schwärme anzulocken, versenken sie mit Stein beschwerte Köderfische zu den Thunfischen, die in größeren Tiefen bis 200 Meter ziehen. Die lederbehandschuhten Fischer schicken an schneidend dünnen Langleinen mit Köder bestückte Haken in die Tiefe. Fischer und Orcas belauern sich nun. Die Orcas treiben sich nahe an den Fischerboten herum, kreisen gemächlich. Werden die Langleinen versenkt, wissen sie, dass bald die Zeit für ihre Mahlzeit kommen wird.

Hat ein Thunfisch in 200 Meter Wassertiefe angebissen, holen die Fischer die messerscharfe Leine mit einer Motorwinde in Windeseile ein. Es ist ein Wettlauf, denn oft sind die Orcas, die in einiger Entfernung warten, schneller. Das Geräusch der startenden Winde ist für sie das Signal „Time for Dinner". Sie tauchen einfach der Leine entlang bis dorthin nach unten, wo sich mit letzter Kraft ein 2 bis 4 Meter langer Thunfisch gegen sein Schicksal aufbäumt. Nicht selten hieven die Fischer statt eines makellosen Thuns einen zerfetzten Kadaver aus dem Wasser, den Rest eines hektischen Orca-Festmals, den sie an der Leine ließen.

Die Orcas müssen flink sein, die Winde läuft rasend schnell. Und flink, weil sie bei der Nahrungsaufnahme am Thunfisch so wählerisch sind wie ein Kind und nur die besten Teile verzehren. Kein Wunder, dass es bei diesem Gerangel zwischen Mensch und Tier, zwischen viel Geld und rarer Nahrung, zu Konfrontationen kommt. Orcas sind erfindungsreich. Menschen noch mehr. Fischer versuchen, mit den im Kapitel „Gegenwehr" beschriebenen Mitteln die Orcas von ihrem Fang abzuhalten. Nicht immer gehen sie dabei zimperlich vor. 2002 wurde ein Orca-Weibchen vor der galizischen Küste geborgen, dem eine Schusswunde ins Gehirn den Orientierungsinn geraubt hatte. Ihre Herde hatte sie begleitet, bis sie daran zugrunde gegangen war.

Gelegentlich interagieren Orcas in aggressiver Manier mit den Booten marokkanischer Fischer und beschädigten sie, wie Videos im Netz nahelegen. Vor dem portugiesischen Hafen von Sesimbra südlich von Lissabon demolierte eine Gruppe Orcas Ende Oktober 2022 das Ruder eines schweren Fischerbootes und attackierte ein weiteres Fischerboot, das zu Hilfe kommen wollte.

Fälle wie diese, in denen beide Seiten handgreiflich wurden, sind keine Seltenheit. Sie werden jedoch kaum dokumentiert, mangels Technik vor allem in nordafrikanischen Ländern nicht, wo bereits mehrere Boote von lokalen Fischern sanken. Ihre einfachen und häufig maroden Gefährte halten oft keinem rempeligen Orca-Spiel und erst recht keiner Attacke stand.

Der Kampf um den Thunfisch vor Gibraltar existiert. Kann Nahrungsmangel also die Ursache für das merkwürdige Verhalten der Orcas sein? Forscher wie Renaud de Stephanis sind eher skeptisch. Er ist Cetaceen-Forscher sowie Gründer, Koordinator und Präsident der spanischen *CIRCE*, die sich um Schutz, Erforschung von Cetaceen, also Delphinen und Orcas, kümmert und versucht, zwischen Fischern, Industrie und Orcas zu vermitteln. Er hat Zahlen über die Fischbestände vor Barbate parat, als wir telefonieren: „Ab 2010 erholten sich die Thunfischbestände vor der spanischen Küste. Es gab ab dieser Zeit wieder merklich mehr Thunfisch und damit auch mehr Futter für die kleine Gruppe der Orca Iberica.“

Nahrungsmangel taugt also weniger als Erklärung, das Gerangel zwischen Mensch und Tier auf engstem Raum um die wertvolle Beute allerdings umso mehr. In diesem Gerangel wechselten friedlichere und aggressivere Phasen einander ab, und vielleicht liegt hier, wie im Kapitel „Schmerz" gezeigt, der Ausgangspunkt für all das, was an der Küste Segler wie Forscher in Atem hält.

Die Jahre des knappen Thunfischs vor der Costa de la Luz beeinflussten aber auch in anderer Hinsicht das Verhalten der Orcas, wie Renaud de Stephanis mir erläutert: „Vor 25 Jahren beschränkten sich die Orcas darauf, Fischer aus der Distanz zu beobachten, und hielten Abstand zu deren Booten. Zwischen 1999 und 2020 sahen wir eine ganze Menge neuer Schwertwale vor der Küste. Die Jahre bis etwa 2010 waren Jahre des Thunfischmangels, in denen es deutlich weniger Orca-Babys gab. Erst 2010 änderte sich das mit der langsamen Erholung der Thunfischbestände. Die Orcas bekamen wieder Babys. Diese Babys von damals stellen jetzt eine neue Generation von Tieren, sie sind es, die uns heute als juvenile Elf- oder Zwölfjährige begegnen. Diese Generation lernte ein ganz anderes Verhalten gegenüber Booten, als ältere Orcas es noch vor 30 Jahren zeigten. Eine Hypothese ist, dass sich die jüngeren Orcas nun anders als die älteren an Boote herantrauen. Diese Nähe zu Booten führte zu Interaktionen. Zum Spiel mit Booten, zu neuen Jagdstrategien, aber auch zu Konflikten. Unter anderem auch mit Fischern."

Die Beobachtung der Biologin Yara Tibirica, der Meeresschneckenforscherin, ist also nicht ganz von der Hand zu weisen. Möglicherweise begann alles mit dem Roten Thun. Er erscheint mir heute, nach allem, was ich in meinen Recherchen erfuhr, immer noch fast ebenso schutzbedürftig wie die Orcas. Doch der Thunfisch hat wenige Fürsprecher. Kaum ein Umweltgipfel findet dafür ein Wort, keine Greta Thunberg, die sich dem Namensvetter zu dessen weltweitem Schutz verschreibt. Der fertige Salatsnack aus dem Supermarkt kommt mit Thunfisch oder Pute. Der Thunfisch ist die Pute des Meeres. Er ist heute, was lange Jahre Hühnchen oder Hering für uns Deutsche waren.

Kapitel 11.
Lärm.

Dienstag, 22. August 2022,
westlich der Straße von Gibraltar, 15:00 Uhr.

An diesem Nachmittag ist es laut auf der Brücke des Katamarans. Laut und bunt. Daniel Haque ist Neuseeländer und auf dem Weg von der Türkei zurück in seine Heimat. Sein Katamaran zieht eine Schleppangel hinter sich mit einem farbenfroh wirbelnden Plastik-Oktopus als Köder. Vielleicht kann er ja einen Fisch anlocken, wer weiß? Aus den Soundboxen quillt laut ein Song von Neil Diamond. Welcher Song es ist, das kann Daniel Haque ein paar Tage später nicht mehr sagen. Er ist weit draußen vor Barbate auf dem Weg südwärts in die marokkanische Hafenstadt Rabat am Atlantik, als nachmittags gegen 15 Uhr Daniels zehnmonatiger Dackel MacGuillan auf der Brücke des Katamaran anschlägt. Daniel blickt kurz über die Schulter nach hinten und meint, einen hellen Blitz unter dem Backbord-Ruder ausgemacht zu haben. Nicht mehr als ein Zucken. Dann wird ihm klar: Es ist ein Orca.

Er stoppt augenblicklich die Maschine, lässt das Großsegel fallen. Neil Diamond tönt weiter aus den Boxen, als Daniels Freundin Aurore einen zweiten Orca sichtet. Die beiden und ihr Hund haben echten Stress in diesem Moment. Vor allem MacGuillan, der weiter bellt, während Aurore in die Kombüse rennt, um sich mit ein paar Bratpfannen zu bewaffnen, während Daniel einen Pinger auspackt. Fischer nutzen sie, um durch unangenehm laute Schallimpulse Delphine und Schwertwale von ihren Netzen fernzuhalten. Während Aurore erfolgreich dabei ist, mit den Pfannen noch mehr Krach zu schlagen, montiert Daniel den Pinger im Heck. Er hat die beiden Orcas nun genau im Blick und schätzt sie auf 4 bis 5 Meter Länge. Es kommt ihm so vor, als würden sich die beiden Tiere mit den Rudern des 12 Meter langen Katamarans amüsieren. Jedenfalls beobachten Daniel und Aurore, wie sie sich unter den Rudern auf den Bauch drehen, als wollten sie daran schnüffeln. Sich rollen. Interessiert nach oben blicken. Der Lärm der schlagenden Pfannen und die Musik aus den Boxen scheint sie wenig zu stören. Merklich gestresst ist Dackel MacGuillan. Und das vielleicht auch nur, weil Daniel und seine Freundin gestresst sind, Schiff, Dackel und Orcas im Blick zu behalten, gleichzeitig den Pinger zu aktivieren und weiter möglichst laut Krach zu machen.

Zunächst kann Daniel keine Wirkung des Pingers feststellen, die Orcas kleben weiter an seinen Rudern. Aber Daniel hat nicht den Eindruck, dass sie das Boot angreifen oder das Ruder attackieren würden. Sie erscheinen Daniel eher enttäuscht, als würden sie nicht ans Ziel kommen, und wenden sich ersatzhalber der Angelleine mit dem quietschbunten Oktopus zu. Sie stupsen ihn. Spielen damit herum. Und dann sind die Tiere fort.

„Gestresst waren Aurore und ich bloß am Anfang. Als wir die Tiere sichteten, das war der schlimmste Moment." erzählt der 43-jährige Neuseeländer. „Du weißt nicht, was passieren wird. Aber letztlich können wir nicht sagen, was die Orcas zum Verschwinden brachte. Aurores Pfannen, der Pinger, die Ruderkonstruktion des Katamarans? Oder Neil Diamond?"

Wie so häufig ist auch in Daniel Haques Bericht von Lärm als Mittel der Gegenwehr zu lesen. Lärm spielt nicht nur eine Rolle bei der Abwehr. Lärm und Stress durch Lärm gehören ebenfalls zu den am häufigsten genannten Theorien über die Ursachen des sonderbaren Treibens der Orcas. Nicht nur Biologen wie Jörn Selling schließen Lärm als Ursache für ihr Verhalten nicht aus. Sie können sich durchaus vorstellen: Die Stille während des Lockdowns war eine Phase, in der der übliche Lärm durch Sport- und Freizeitboote, durch Fischer, Fähren und Berufsschifffahrt auch für die Tiere merklich zum Erliegen kam und die Unterwasserwelt stiller wurde, bis der Lärm schließlich wieder in die Welt zurückkehrte.

Christophe Guinet ist Wissenschaftler beim *French National Centre for Scientific Research* und beschäftigt sich seit Jahrzehnten mit dem Verhalten von Meeressäugern. Während unserer Videokonferenz berichtet er über seine Erlebnisse mit Schwertwalen. Er lernte sie kennen, als er auf den menschenleeren Crozetinseln überwinterte und das Jagdtraining von Jungbullen beobachten konnte. Er ist aber auch mit den Orca-Familien vor der Straße von Gibraltar und den dortigen Verhältnissen vertraut: „Ein Boot allein ist kein Problem. Aber wenn ständig Boote über dir sind, dann nervt das. Du musst lauter kommunizieren. Die Abstimmung untereinander bei der Jagd ist aufwendiger." Dennoch ist Christophe Guinet vorsichtig, Lärm für die gegenwärtigen Orca-Attacken verantwortlich zu machen. „Als dieses Verhalten auftauchte, herrschte auch vor der Straße von Gibraltar Covid-Ruhe. Es war die Stille des Lockdowns, als weniger Fähren fuhren, keine Freizeitboote unterwegs waren, kein Whalewatching- oder Tauchexkursionen stattfanden. Das war sehr viel ruhiger." Und er erinnert daran: „Die Orcas vor Gibraltar sind gewöhnt an Boote. Sie leben ja schon immer in einer der heftigsten Verkehrszonen. Sie wissen das, sie haben keine Angst. Boote sind Teil ihres Daseins." So sehr, dass der französische Wissenschaftler überzeugt ist, dass sie einzelne Komponenten eines Bootes unterscheiden können. Er führt aus: „Sie wissen auch sehr gut, was ein Propeller ist und was ein Boot. Der Propeller der Yachten spielt meines Erachtens eine größere Rolle bei den Vorfällen, als wir ihm bislang Beachtung schenken. Sie lieben die Strömung dahinter."

Tatsächlich gehört die maximal 15 Kilometer breite Straße von Gibraltar zu den meistbefahrenen Wasserstraßen der Welt. Wer sich an einem x-beliebigen Wochentag auf Webseiten für den

Schiffsverkehr wie etwa *Vesselfinder.com* oder *marinetraffic.com* in die Straße von Gibraltar zoomt, kann in der Grafik ein Puzzle aus grünen, knallroten, blauen, gelben, violetten Pfeilen und Punkten erkennen. Jedes Puzzleteil ist ein Symbol für Schiffe.

Knapp 20 grüne Pfeile zähle ich beispielsweise an einem Sonntagnachmittag – und jeder einzelne symbolisiert Großschifffahrt. Dazwischen zehn knallrote Pfeile, die die Straße von Gibraltar durchfahren oder sich als rote Punkte vor Gibraltar stauen. Es sind überwiegend LNG-Tanker – die aktuelle Energiekrise und die neuen „Pipelines", nämlich LNG-Tanker, stauen sich vor Gibraltar und sind vom Smartphone aus zu besichtigen. Vier Fähren kreuzen zwischen dem europäischen Algeciras und dem afrikanischen Hafen Tanger, während sich sechs hellblaue Tauchschiffe mit zehn pinkfarbenen Segelyacht-Symbolen wie auf einer Ameisenstraße verschämt am Nordrand durch die Wasserstraße drücken. Doch die 50 Schiffe, die ich in diesem Moment zähle, sind längst nicht alles, was ich in dem 15 Kilometer breiten und 20 Kilometer langen Abschnitt sehen könnte. Sie sind nur eine Momentaufnahme. Rund um die Uhr kommen neue Pfeile und Punkte hinzu. Zudem erfasst *marinetraffic* nur, wer über ein satellitengestütztes Ortungssystem verfügt. Großschifffahrt wird vollständig erfasst, die große Mehrheit der Freizeitboote, der Ausflugsschiffe, der Whalewatching- und Tauchboote, der Motor- und Segelyachten, der hochmotorisierten Schlauchboote, der Racing Speedboote, der Leihboote wird an diesem November-Sonntagnachmittag nicht angezeigt. Und die Masse marokkanischer oder spanischer Fischer auch nicht, weil sie sonntags im Hafen bleiben. Oder weil sie ihr Ortungssystem abgeschaltet haben. Oder weil sowieso die wenigsten Fischer im Mittelmeer sich eine derartige technische Einrichtung leisten können.

Wer je im Meer geschnorchelt ist, hat selbst erfahren, wie das Sirren eines 100 Meter entfernt passierenden Motorbootes klingt. Wenn man berücksichtigt, dass der Schall unter Wasser sich 4,5 mal schneller und außerdem deutlich verlustfreier überträgt als in der Luft, bekommt eine Vorstellung des lärmenden Durcheinanders, das wir in dieser Form an Land nicht kennen. Es trifft auf ein geschärftes Sinnesorgan der Orcas, das sie längst nicht nur für die Jagd benutzen.

„Vor allem Speedboote sind nicht nur über Wasser, sondern auch unter Wasser richtig laut, ich habe das erst vor kurzem wieder bei der Beobachtung von Orcas vor Kanada bemerkt", erzählt Elmar Nöth. Er ist Professor am Lehrstuhl für Mustererkennung an der Universität Erlangen. Beim Stichwort „Mustererkennung" denkt man zuerst an Leergutautomaten im Supermarkt und ihre Aufgabe, Pfandflaschen unter Hunderten anderer Muster zu identifizieren. Doch Elmar Nöths Forschungsgebiet als Informatiker ist die Sprache. In den 1990ern entwickelten er und sein Team die ersten Sprach-Dialogsysteme fürs Telefon und später ein multilinguales Auskunftssystem, das in der Lage war, verschiedene Sprachen per Telefon zu erkennen, Fragen zu verstehen und korrekt zu beantworten. Heute arbeitet er gleichzeitig auf zwei Gebieten: der Früherkennung der Parkinsonerkrankung durch computergestützte Erkennung typischer Sprachmuster. Und der Erforschung der Sprache der Orcas.

Doch was haben Parkinson und Orcas gemeinsam, frage ich den Erlanger Informatiker. „Das Muskelgewebe der Lippen und der Stimmbildung ist ziemlich kompliziert. Bei Parkinson setzt der Kontrollverlust in diesem Muskelgewebe besonders früh ein, sodass sich bestimmte parkinsontypische Sprachmuster, also wiederkehrende Ungenauigkeiten in der Aussprache, einstellen. Bei Orcas geht es ebenso um die Isolierung dieser typischen Sprachmuster aus ihren verschiedenen Lautäußerungen." Genauso wie bei Pfandflaschen suchen die Erlanger Forscher nach wiederkehrenden Mustern in der Aussprache beim Menschen, um Parkinsonerkrankungen frühzeitig zu erkennen. Und nach Sprachmustern in der Orca-Sprache, um sie Stück für Stück zu enträtseln.

Dass Orcas sich über akustische Signale miteinander abstimmen, steht längst außer Frage: „Sie kommunizieren viel in ihrer Gruppe, beispielsweise während der Jagd oder im Umgang mit den Jungtieren. Außerdem interagieren sie mit anderen Orca-Familien. Die Sprachen unterschiedlicher Gruppen unterscheiden sich dabei sogar leicht, was unseren Dialekten ähnelt", erklärt er.

Wie leicht wäre es, das Rätsel der Orcas zu lösen, wenn wir ihre Sprache verstehen würden. Was würden sie uns antworten, wenn wir sie einfach fragen könnten, warum sie Ruder demolieren? Würden sie sagen: „Wir machen es aus Spaß. Uns ist so langweilig." Oder würden sie antworten: „Wir sind einfach stinksauer auf euch, wie ihr gerade unsere und eure Lebensgrundlage zerstört."

Ich frage mich, wieso es so schwierig ist, eine Tiersprache wie die Laute der Orcas zu enträtseln. Elmar Nöth erklärt das an einem Beispiel. Es gibt 6.500 menschliche Sprachen. Davon sind 3.000 gefährdet und 4.000 sind nicht schriftlich überliefert, sondern existieren nur mündlich. Trotzdem kann man mithilfe eines bilingualen Sprechers, der beide Sprachen beherrscht, eine fremde Sprache verstehen und sogar erlernen. In der Tierwelt und bei den Orcas fehlt ein derartiger Übersetzer. Aber was den Forschern im Fall der Orcas zur Verfügung steht, sind 20.000 Stunden Tonmaterial Orca-Laute. Die Aufnahmen kommen zum Teil aus dem „Orchive" des OrcaLabs, das mit fest installierten Wassermikrofonen, sogenannten Hydrophonen, seit über 20 Jahren vor einer Insel im Sund zwischen Vancouver und dem kanadischen Festland die Laute der Orcas aufzeichnet. Zu Beginn geschah das mit Tonbändern oder den damals üblichen Kassetten. Heute ist alles digital. Regelmäßig ist Professor Nöth mit seinem Team vor der kanadischen Küste unterwegs, um ihre Laute aufzunehmen und während der Aufnahmen deren Verhalten minutiös festzuhalten.

Vor allem die sogenannten Stereotypen in der Sprache interessieren ihn. Bereits in den 1990er-Jahren haben kanadische

Forscher Sammlungen sogenannter „Stereotype Calls“ in einem Katalog der 50 wichtigsten „Orca-Calls“ erfasst und sie durchnummeriert. Es sind überwiegend Calls, die dazu dienen, sich beim Jagen und Schwimmen abzustimmen, und die sie vor allem durch Pfeifen, durch Klicken erzeugen. Man kann sich den Inhalt dieser stereotypen Calls, die in Lauten, nicht in Worten erfolgt, bei der Jagd stark vereinfacht etwa so vorstellen:

‚Ich bin Fred. Ich bin rechts.‘
‚Ich bin Hans, ich bin links.‘
‚Da vorne gibt es Lachs.‘

Sprache dient also dazu, akustisch die Identität innerhalb der Familie zu sichern, um Konfusion zwischen verschiedenen Familien zu vermeiden. Um mitzuteilen „Ich hab was gesehen“ und um Standortmeldungen abzugeben. Kann die Orca-Sprache noch mehr?

Ich denke an den ersten verifizierbaren Bericht einer Interaktion aus dem Sommer 2020 im britischen *Guardian*. Das Boot der 23-jährigen Victoria Morris wurde vor Gibraltar am 29. Juli 2020 von neun Orcas bedrängt. Als Biologiestudentin und Neuseeländerin kannte sie Orcas aus ihrer Heimat, aber nicht so. Vor allem ihre Wahrnehmung der damals herrschenden Geräuschkulisse ist bemerkenswert: „Der Lärm war wirklich beängstigend. Sie rammten den Kiel, da waren diese schrecklichen Geräusche, ich dachte, sie könnten das Boot zum Kentern bringen. Und dieser ohrenbetäubende Lärm, als sie untereinander kommunizierten und sich durch Pfiffe untereinander verständigten. Es war so laut, dass wir schreien mussten.“ Sie ergänzt ihren Bericht mit der Beobachtung, es fühlte sich an, als würden die Orcas „totally orchestrated“, also planvoll und koordiniert, vorgehen.

Neben den stereotypen Calls erwähnt Professor Elmar Nöth auch die sogenannten „Other Calls“. Er bringt sie vor allem mit sozialer Interaktion in Verbindung. Orcas leben in der Matrilinie, eine Mutter ist das Oberhaupt der Familie. Wenn sich zwei Mütter mit ihren Enkeln treffen, dann gibt es regelmäßig viel Interaktion. Sie ratschen hin und her. Wenn sie sich an flachen, steinigen Ufern scheuern, um sich zu reinigen, gibt es auch Laute des Wohlgefühls. Laute wie „Ah, tut das gut."

In Gedanken bin ich während unseres Gesprächs immer noch an einer Lösung für die Ruderattacken. Wäre es nicht hilfreich, um sie zu verstehen, wenn man anhand der Laute Orca-Emotionen erkennen könnte? Wenn man Frustration, Erregung oder Aggression in den Lautäußerungen identifizieren könnte? Orca-Gesichter verfügen nicht über die Möglichkeit der Mimik, wie sie der Mensch hat. Können Orcas über Sprache Emotionen mitteilen?

Auch Elmar Nöth ist sicher, dass Orcas über Emotionen verfügen. Sein Argument und seine Folgerungen daraus sind mir allerdings neu. Er berichtet, dass Wissenschaftler in Orca-Gehirnen ein großes Areal identifiziert hätten, das mit Emotionen zu tun hat. Da es prozentual größer ist als beim Menschen, kann man davon ausgehen, dass Emotionen im Alltag der Orcas eine große Rolle spielen.

Und wie lange wird es dauern, bis wir die Sprache der Orcas verstehen und herausbekommen, was beim Zerlegen eines Ruders wirklich in ihnen vorgeht? Die Antwort von Elmar Nöth klingt zunächst ernüchternd: „Es wird sicher eine Generation vergehen. Aber dann bin ich sicher, dass wir die Sprache der Orcas selbst im Detail verstehen werden."

Dann schweigt der Erlanger Forscher kurz, bevor er mir eine Aufgabe mitgibt: „Bringen sie mir zehn Minuten Unterwasseraufnahmen von Orca-Kommunikation. Sie sollten möglichst ohne Nebengeräusche sein. Und mit möglichst vielen Notizen, die zeitlich zur Tonspur Beobachtungen der Situation festhalten. Beispielsweise: ‚Bei Minute 01:12 der Aufnahme schwamm ein Orca am Hydrophon vorbei.' Dann kann ich Ihnen für jede dieser Situationen anhand der mittlerweile bekannten Laute mit einiger Wahrscheinlichkeit sagen:

‚Das ist ein verirrter Orca, der seine Gruppe sucht.'
‚Dort treffen sich Verwandte.'
‚Diese Orcas sind auf der Jagd.'
‚Und der da scheuert sich gerade mit Vergnügen
den Rücken an einem Felsen.'"

Könnte aus seiner Sicht Lärm eine signifikante Verhaltensänderung in Gang setzen? Elmar Nöth muss nicht lange nachdenken und berichtet über ein Ereignis aus Australien, das in Zusammenhang mit der Lärmtheorie stehen könnte. Orcas halfen lokalen Fischern über einige Zeit, Fischschwärme zu orten. Orcas und Menschen taten sich zusammen. Die einen suchten die Fische, die anderen erlegten sie und teilten ihren Fang. Als es dann aber vorkam, dass Fischer auf Orcas schossen, änderten die Tiere schlagartig ihr Verhalten. Lärm wie der Schuss aus einem Gewehr könne also durchaus eine Verhaltensänderung auslösen.

Tatsächlich gibt es neuerdings auch Geräte, die nicht nur laute Töne zur Abschreckung einsetzen, sondern kommunikative Signale in der waleigenen Sprache. Professor Boris Culik entwickelte ein Gerät mit dem Namen Wal-Pal, das unter Wasser hinter dem Boot geschleppt wird und dabei alle vier Sekunden artspezifische Warnlaute von Schweinswalen aussendet, um die Tiere vor Netzen zu warnen. Tests in der Ostsee belegten zwischen 2014 und 2016, dass 80 Prozent weniger Schweinswale in Stellnetzen verendeten als vorher. Das Gerät, das im Kapitel „Gegenwehr" am Ende des Buches beschrieben ist, soll es demnächst auch für die Abwehr von Schwertwalen mit Schwertwal-Lauten geben.

Auch wenn Lärm und Laute das Orca-Verhalten beeinflussen können: Elmar Nöth zögert, Verkehrslärm als Auslöser der Ruderattacken einer ganzen Gruppe von Orcas zu sehen. Er kann sich eine Theorie nur schwer vorstellen, nach der Orcas vom Lärm vor Gibraltar genervt sind und sich deshalb in der nördlichen Biskaya an Ruderblättern zu schaffen machen. Plausibel wäre allenfalls, dass Lärm bei einzelnen Tieren zu einer Verhaltensänderung führte, die dann von anderen Tieren übernommen wurde.

An dieser Stelle werde ich hellhörig. Sprache dient ja vielerlei Zwecken. Um Emotion auszudrücken, wie bei den Skippern, die in ihren Erzählungen häufig das F*-Wort benutzten, wenn sie überrascht wurden. Sprache ist nützlich, um Inhalte und Erfahrungen wiederzugeben, wie die Seiten eines Buches es tun. Der Erlanger Forscher ist überzeugt, dass die Sprache der Schwertwale ebenso wie die menschliche Sprache aus diesen beiden emotionalen und semantischen, also Sinn vermittelnden, Anteilen besteht. Wären Orcas also in der Lage, auch ein Verhalten per Sprache weiterzugeben?

„Ja, davon bin ich überzeugt.“, sagt der Erlanger Sprachforscher. „Auch wenn ich es bisher nicht belegen kann.“

Teil 3:
Die großen Theorien.

Kapitel 12.

Stress. – Pissed off. – Verschwindet!

Sonntag, 2. Oktober 2022. 15 Seemeilen vor Sines, Portugal, 15:00 Uhr.

Nicky Barwell ist noch immer schockiert, als sie von ihrer Begegnung mit dem Orca erzählt. „Es schien, als hätte der Orca eine Mission. Die Mission war, uns wehrlos zu machen, warum auch immer. Er folgte konsequent diesem Plan und wollte uns jeder Möglichkeit zur Gegenwehr berauben. Er wollte uns stoppen. Das Schlimmste ist zu erleben, wie ein Wesen aus dem Meer uns völlig die Kontrolle über das Boot aus der Hand nimmt und sie selbst übernimmt."

Ihr Stress, ihre Angst, ihre Wut sind Tage nach dem Erlebnis nicht zu überhören und Ausdruck ihres „Pissed-Off"-Gefühls. „Wir sind schon viel gesegelt", platzt es aus Nicky heraus, „waren fasziniert, vor den Azoren große Blauwale und Pottwale in der freien Natur zu sehen. Jedes Mal verlief das friedlich."

Ich kann Nicky nur zu gut verstehen. In der Vorstellung der meisten Menschen unterscheidet sich das Unterwegssein auf einem Boot nicht sonderlich von anderen Formen der Mobilität wie dem Autofahren, dem Biken oder dem Wandern. Doch es gibt einen erheblichen Unterschied: Wenn auf der Straße etwas nicht stimmt, fahre ich rechts raus, halte an. Bin ich in den Bergen erschöpft, setze ich mich und pausiere. Ein Boot hält niemals an auf offener See. Ihm fehlt die Möglichkeit des „Freiparkens", mit dem ich mich aus jeder Gefahrenzone bringe. Ich komme nicht raus aus einer Situation, ich kann auch nicht weg.

Die See zwingt dich, jede Situation durchzustehen, denn es gibt buchstäblich keinen Halt. Hilfe gibt es nur im Hafen. Und der ist oft Stunden entfernt.

Ich lasse Nicky Barwell Zeit, bevor sie fortfährt. „Wir hatten zuvor ein Boot voraus bemerkt, das vermutlich von vier Orcas attackiert wurde. Als der Orca sich unserem Heck näherte, rannte ich sofort unter Deck und versuchte, Lärm zu schlagen, so laut es nur ging. Ich griff mir aus der Kombüse den großen Schöpflöffel und schlug mit aller Kraft auf den metallenen Fuß unseres Masts. Ich glaube, ich habe ganze fünf Minuten lang versucht, das Tier durch Lärm zu vertreiben."

Einen Moment lang stelle ich mir das laute Klirren in dem engen Schiffsrumpf vor. Die Ohren müssen Nicky geklungen haben, während David oben am Steuer bleibt und die Situation beobachtet.

Was er sieht, ist ernüchternd: „Trotz Nickys Gelärme blieb das Tier einfach an unserem Ruder. Mal rammte der Orca es, mal schien er reinzubeißen. Nach einer Weile wusste ich mir nicht mehr zu helfen. Ich startete den Motor und legte den Rückwärtsgang ein. Daraufhin ließ er kurz ab, kam aber fünf, sechs weitere Male auf uns zu, rammte und rüttelte das Ruderblatt im Wechsel. Der knapp 7 Meter lange Organismus übernahm die volle Kontrolle über das Boot, egal ob mit seinem Maul oder mit der Masse seines Körpers.

Nach 15 Minuten zog sich das Tier zurück, wir sahen es nicht wieder. Es folgte keine weitere Attacke. Um ehrlich zu sein: Ich schlich im Rückwärtsgang drei Stunden dahin, bis wir endlich im Hafen von Sines in Sicherheit waren."

Es ist Mitte November, als ich mir meine Gesprächsnotizen mit Nicky und David vornehme. An diesem Samstagnachmittag, an dem ich an dieser Geschichte schreibe, verfolge ich allein vor dem portugiesischen Hafen Sesimbra drei verschiedene Orca-Interaktionen mit Segelyachten. Eigentlich sollte langsam Ruhe einkehren jetzt im November, stattdessen werden allen drei Schiffen dort die Ruder beschädigt, wo vor wenigen Wochen die massiven Holzruder eines schweren Trawlers von Orcas herausgerissen wurden.

Ob die Ruderattacken ähnlich aggressiv abliefen wie Nicky Barwells Begegnung wenige Seemeilen weiter südlich, geht aus den kurzen Meldungen nicht hervor. Es steht aber zu vermuten, denn ein Skipper postet am Folgetag ein Foto seines lädierten Ruders und schreibt: „Dies ist mein Boot. Wir wurden so plötzlich angegriffen, wir hatten nicht mal Zeit, das Segel fallen zu lassen. Es war eine Erlösung, als uns ein Schlauchboot zu Hilfe kam."

Es gibt keinen Grund, an Nicky Barwells Bericht zu zweifeln. Sie und ihr Mann David erlebten die Begegnung als bedrohlich. Als Geschehen, das sie nicht mehr in der Hand hatten.

Auch an den sich verschlechternden Lebensbedingungen der Orcas gibt es allerdings keine Zweifel. Ob die älteren Tiere begreifen, dass sich mit jedem weiteren Jahr ihre Körper mehr und mehr mit Giften anreichern wie PCB, DDT und den anderen Resten des „dreckigen Dutzends"? Es ist fraglich. Dass sie Verletzungen, Nahrungskonkurrenz, Lärm oder die höhere Sterblichkeit ihrer Nachkommen mitbekommen, hingegen nicht. Orcas sind zu intelligent. Sie verfügen über Emotionen, das habe ich aus den vielen Gesprächen mit Wissenschaftlern mitgenommen.

In den vorangegangenen Kapiteln bin ich der Spur der Einzelursachen des Rätsels der Orcas gefolgt. Es waren frühe Theorien, und ich musste einsehen: Aus dem allzu menschlichen Blickwinkel einer einzelnen Motivation wie Krankheit, Verstümmelung, Rache oder Lärm heraus lässt sich das Verhalten einer überschaubaren Anzahl von Tieren nicht schlüssig erklären.

Nach den möglichen Einzelursachen werde ich mir jetzt die größeren Themenkomplexe und jene umstrittenen Fragen vornehmen, die zwischen Walschützern, Wissenschaftlern und Betroffenen kontrovers diskutiert werden und zu Konflikten führen. Ich bin immer noch auf der Spur des Rätsels der Orcas.

In Nicky Barwells Erzählung sticht vor allem ihr Eindruck heraus, dass die Tiere einem Plan, einer höheren Absicht folgen. Victoria Morris, die neuseeländische Biologin, die ihre Eindrücke bei der ersten überhaupt dokumentierten Interaktion äußerte, beschrieb das Vorgehen der Orcas als „totally orchestrated", als vollkommen koordiniert und einer Partitur folgend.

Haben die Orcas einen höheren Plan? Sind sie so „pissed off" – was im Deutschen mit „genervt" nur unzureichend übersetzt wird – von dem, was vor der Iberischen Halbinsel um sie herum geschieht? Ist ihr Verhalten eine Botschaft an uns Menschen? Gehen sie daher gezielt gegen jene Gruppe von Fahrzeugen vor, die am einfachsten zu beschädigen sind?

Die Stress-Theorie eines „Pissed-off"-Verhaltens kam bereits früh ins Spiel, nach der man ihr Verhalten als emotionale Reaktion auf Druck von außen verstehen könnte. Nur zu verständlich sei, schrieb Susan Smillie im *Guardian* bereits im August 2020, „dass die zahlreichen Belastungen, denen diese hochsensiblen Wale ausgesetzt waren – jahrelange Trauer um verlorene Kälber, Verletzungen, Konkurrenz um Fische, gepaart mit einer Unterbrechung und Wiedereinführung menschlicher Aktivitäten –, ihr Verhalten beeinflusst haben könnten." Schwertwale kennen Emotionen. Haben sie auch unser Gefühl von „pissed off", das über die Maßen genervt zu sein, in ihrem Repertoire? Diesen komplexen emotionalen Cocktail aus Enttäuschung, Wut und Frustration? Einer Emotion, der oft vorausgeht, was wir landläufig als „gestresst durch irgendetwas oder irgendwen" beschreiben?

An einem grauen Montag im November bin ich ein weiteres Mal mit Fabian Ritter, dem Meeresbiologen des WDC, der *Whale and Dolphin Conservation* in Berlin, verabredet. Ich erreiche ihn kurz vor seiner Abreise zu den Kanaren, wo er wie seit Jahren Grindwale und Buckelwale beobachten will. Er weiß, dass Wale durchaus gestresst sein können.

„Wie der Mensch verfügt auch ihr Stoffwechsel über Stresshormone wie Cortisol. Bei Dauerstress steigt wie beim Menschen die Anfälligkeit gegenüber Krankheiten. Allerdings verhält sich ein vom Menschen gestresstes Tier anders als ein gestresster Mensch. Es wird immer versuchen, der Stressquelle aus dem Weg zu gehen."

Stresssymptome kenne ich von mir. Im Pendlerverkehr auf dem Weg ins Büro beschleunigt mein Herzschlag, bei Vorträgen zittern meine Hände, in unangenehmen Situationen im Job wird die Kehle eng und der Mund trocken. Nachts knirschen die Zähne, als wollte ich zerkauen, was ich tagsüber nicht verdauen kann. Machen Wale und Delphine das auch? Könnte ein Laie Stresssymptome an Großdelphinen wie den Orcas erkennen?

„Man sieht es ihnen an", sagt Fabian Ritter, „beispielsweise wenn Delphine ihre Augen weit aufreißen. Auch ein ‚tail slab', ein Schlag mit der flachen Schwanzfluke aufs Wasser, kann ein Zeichen für Stress sein."

Ich werde hellhörig. Der „tail slab" taucht in vielen Berichten auf. Ich habe ihn auch oft im Videomaterial der Betroffenen entdecken können. Meist ist es ein frustriert-genervt wirkender Patscher mit der flachen Schwanzflosse aufs Wasser, den sie häufig beim gelangweilten Abtauchen nahe dem kurz zuvor attackierten Ruder zeigen. Auffallend daran ist auch die Anwesenheit weiterer Orcas. Einen kurzen Moment fühle ich mich nah dran an des Rätsels Lösung. Aber so einfach ist die Sache nicht, denn Fabian Ritter klärt mich darüber auf, dass der Schlag mit der Fluke aufs Wasser zwar ein energetisches Zeichen ist, doch viele Bedeutungen haben kann. Der Biologe kennt es von Grindwalen, einer Delphinart wie den Orcas, die man an ihrer charakteristischen kugelrund vorgewölbten Schädelpartie erkennt.

„Bei Grindwalen kann es bedeuten, dass sie gerade miteinander beschäftigt sind und kommunizieren. Sind zu viele Boote in der Nähe, kann der Flukenschlag signalisieren, dass sie genervt sind." Er fährt fort: „Stress oder Genervtsein verhaltensbiologisch eindeutig zu erklären, ist selten möglich. Allein vom Flukenschlag gibt es unfassbar viele Facetten. Um es eindeutig zu bestimmen, kann auch ein begleitendes akustisches Signal Aufschlüsse geben."

„Tail slabs", fährt er fort, seien dafür da, um ein energetisches Befinden auszudrücken, das man nur im Kontext einer Situation erklären kann.

Damit bin ich wieder bei Professor Elmar Nöth, dem Sprachforscher, gelandet, der bereits jetzt in der Lage ist, Orca-Laute zu verstehen, wenn er sie zusammen mit dem Kontext, also einer konkreten Beschreibung der Situation, erhält. So funktionieren Sprache und Kommunikation nun einmal, auch bei uns Menschen. Das eine, simple Wort „Mist" kann unterschiedliche Bedeutungen entwickeln, die sich aus seinem Kontext, seiner Situation ergeben. Je nachdem, ob ich gerade vor einem Kuhstall auf einen Misthaufen deute oder über eine Situation verärgert fluche, mit einem Amerikaner in feinem Nieselregen, im Englischen „mist", laufe, oder mit einem Haufen Kleingeld in der Hand etwas wie „Kleinvieh macht auch Mist" vor mich hin brumme.

Aber ich lasse noch nicht locker. Fabian Ritter raubt mir zwar gerade die Illusion, ein Flukenschlag sei ein eindeutiges Stresssignal. Aber ich habe doch aus den Berichten der Betroffenen noch mehr „stressverdächtige" Verhaltensmuster erkannt. Das kräftige Ausblasen der Tiere nahe am Heck und vor allem nahe beim Skipper ist ausnahmslos in jeder Erzählung und jedem Video Teil der Interaktion. Es erschien mir oft aggressiv – vor allem wegen der Nähe zum „Publikum". Liege ich mit meiner Deutung richtig? Hält meine Vermutung wissenschaftlichen Standards stand?

Fabian Ritter macht es spannend: „Starkes Ausblasen ist ebenfalls eine sehr energetische Verhaltensweise, die genauso wie der „tail slab" häufig als Signal gegenüber anderen Gruppenmitgliedern verstanden werden kann. Etwa ein ‚Ich zeig dir jetzt mal, wie ich das machen würde.' Oder: ‚Mir ist etwas Neues eingefallen.' Die soziale Interaktion der beteiligten Gruppe untereinander, des „Pods", wie wir eine Orca-Familie nennen, muss bei allen Beobachtungen auf jeden Fall berücksichtigt werden, bevor ich an Stresssymptome denke.

Zum Beispiel spielt während einer Interaktion mit Booten die Frage ‚Hat die Mama auch schon einmal mitgemacht?', eine Rolle. Hat sich eine Mutter als Leittier einer Matrilinie sogar schon etwas von den Jungtieren abgeguckt? Dann kann das genauso bedeuten ‚Guck mal, Mami macht jetzt auch mit'".

Und er ergänzt: „Es könnte auch einfach nur ein Zeichen körperlicher Anstrengung sein. Ich kann mir, nach allem, was ich bei Buckelwalen gesehen habe, gut vorstellen, dass der Kraftakt, das Ruder zu zerstören, eine ganze Menge Sauerstoff braucht. Sie toben sich aus, bis sie nicht mehr können, um dann schnell an die Wasseroberfläche zu kommen und Luft zu holen. Das geschieht dann direkt neben der erschreckten Crew, die dann Aggression oder Stress in das Verhalten hineininterpretiert. Von Buckelwalen weiß ich, dass sie bei körperlicher Anstrengung eher mehr Sauerstoff benötigen und deshalb kräftiger atmen. Es kostet Kraft. Sie müssen aufpassen bei der Begegnung mit Booten. Es ist körperlich anstrengend."

Wieder einmal entwischen mir die Orcas. Die Klarheit, die ich gerne hätte, endet meist im „Kann. Muss aber nicht." Und das ist wohl bei jedem der Wissenschaftler so, den ich befrage. Auch bei Ulrich Karlowski von der *Stiftung Meeresschutz*. „Fluke schlagen kann beim großen Tümmler ein Signal an die anderen sein: ‚Geh weg! Du störst mich hier!'", sagt er.

Was das kräftige Ausblasen angeht, stimmen die beiden deutschen Meeresbiologen überein. „Der Organismus ist aufgeregt", meint auch Ulrich Karlowski, „Wo viel Strom fließt, gibt es auch Entladung. Kräftiges Ausblasen ist nicht eindeutig einem gestressten Verhalten zuzuordnen."

Viele Augenzeugen beschreiben auch den Blick der Orcas aus dem Wasser als „Beobachten eines Opfers". Auch da ist Karlowski vorsichtig. „Im Hochgucken drückt sich für mich eher große Neugier aus. Und vorsichtige Observierung, ob da eine unmittelbare Gefahr droht. Ich halte das auch bei Tümmlern und Delphinen, die im Bug mitschwimmen, eher für ein Zeichen vorsichtiger Observierung als für ein ‚Schau mal, was ich kann!', wie es so oft verstanden wird. Es ist eher ein vorsichtig abschätzender Blick nach oben."

Ich bin nun an dem Punkt, wo ich mir eingestehen muss: Es gibt einerseits ausreichend Belege für einen Dauerstress der Orcas vor den iberischen Küsten. Doch wenn ich versuche, eine konkrete Verbindung zwischen den Verhaltensmustern aus meinen Berichten und der Hypothese „Sie sind gewaltig genervt von uns" zusammenzubringen, dann hakt es im Detail. Was nicht zusammenpassen will, sind nicht nur die Augenzeugenberichte, die das Vorgehen einerseits als „aggressiv" beschreiben, wie die Orcas am Ruder rütteln, und gleichzeitig als „tastend", „vorsichtig" und „ruhig", sobald sie sich einem Ruder auf den letzten Zentimetern nähern.

Orcas verhalten sich in den Berichten auch nicht so, wie Renaud de Stephanis, der Forscher der Meeresschutzorganisation *CIRCE*, die typischen Stressanzeichen von Cetaceen, also von Delphinen und Walen, aufzählt, als ich ihn danach frage. „Bei Stress sind sie rastlos. Schwimmen nervös hin und her. Ich habe Pilotwale bei der Jagd beobachten können, sie atmen schnell. Im Grunde genommen erkennt man Stress so leicht wie bei einem Hund, dessen Nackenhaare aufgestellt sind, nur dass es sich bei Cetaceen dadurch bemerkbar macht, dass sie sich hektisch bewegen und nicht zur Ruhe kommen."

Nichts davon konnte ich mithilfe von Augenzeugen oder in deren Videos nachweisen. Obwohl ich eine mögliche Wut der

Orcas auf „Menschen“ nur allzu gut verstehe: Ich habe Zweifel. Stressanzeichen kann ich während der Interaktionen also allem Anschein nach nicht beobachten, und ein „Pissed-off“-Verhalten uns Menschen oder unseren Booten gegenüber nicht aus ihren unmittelbaren Aktionen ableiten.

Die Frage nach einem höheren Plan, den Nicky Barwell sieht, oder einer Botschaft an uns Menschen steht allerdings weiter im Raum. Ich frage mich, ob ich mich nicht mehr auf das Boot selbst als Ursache konzentrieren sollte. Schließlich richten sich Aktionen bislang immer gegen Boote, nie gegen Menschen. Wie sehen Orcas die Segelyachten, deren Ruder sie angreifen? Nehmen Orcas aus dem Wasser heraus Boote als eigene Wesen wahr, die Flossen haben, schlecht fliehen können, aber weder kommunizieren noch sich wehren?

Auf deren Rücken irgendwie zufällig auch Menschen sitzen, die das eigentümliche Verhalten dieser merkwürdigen Wesenheit „Boot“ aus Sicht der Orcas so wenig beeinflussen können wie sie selbst? Begreifen Orcas, dass die Zweibeiner oben in engerem Zusammenhang zu den „Booten“ stehen, sie bauen, sie steuern? Was ist ihre Beziehung zu Booten, die frühere Orca-Generationen mieden und die die neuere Generation in dieser Gegend plötzlich sucht, um etwas mit ihnen anzustellen? Es sind schlichte, aber berechtigte Fragen. Wir haben keine schlüssige Antwort darauf, aber die folgende Geschichte kann vielleicht eine Antwort geben.

Kapitel 13.

Jagd.

Montag, 21. März 2022. Straße von Gibraltar,
6 Seemeilen nordöstlich Hafen Tanger, Marokko, 19:00 Uhr.

Vor allem ein Bild wird Brandon Sails Anyway, wie sein Aliasname online heißt, von diesem Tag in Erinnerung bleiben. Der große Kopf eines Orcas im Sonnenuntergang, der sie nicht mehr aus den Augen lässt. Noch nie zuvor habe er mit einem Tier interagiert, das so intelligent war. Das offensichtlich eine höhere Kenntnis seiner in der Zukunft liegenden Möglichkeiten hatte. Dass er diese Intelligenz spüren konnte, das war für Brandon erschreckend und jagte ihm Angst ein.

Dabei ist Brandon Sails mit Tieren vertraut. Fragt man ihn nach seinem Leben, gibt er knapp Auskunft. 37 Jahre sei er alt. Seit acht Jahren Profiskipper, aufgewachsen an der Chesapeake-Bay in der Gegend von Baltimore, Maryland. Nur bei einem Detail seiner Jugend verweilt Brandon länger. In seiner Kindheit war er umgeben von Ponys, Katzen und Hunden. Seine Mutter besaß gefühlt tausend Tiere, es war eine kleine Farm, auf die sie vom Markt die ausgefallensten Hühner und Gänse mitbrachte und was ihr sonst gefiel. Einmal waren sogar zwei Emus dabei. Aber am liebsten, erzählt Brandon, mochte er die Hunde. Einen großen Labrador. Die „Blue Heelers", das sind großohrige Australian Cattle Dogs. Und Pitbulls. Diese Kindheit, sagt er, habe ihn tief geprägt. Durch sie lernte er früh, wie Tiere aufeinander achten. Er begriff, wie da draußen alles mit allem zusammenhängt und das eine vom anderen abhängig ist.

Als Brandon mir sein Erlebnis mit den Orcas erzählt, weiß ich, dass dies alles nicht nur dahingesagt ist. Dass er eine besondere Verbindung zu Tieren hat, eine spezielle Art des Mitfühlens, auch wenn er am Meer, wo er aufwuchs, nie Buckelwalen begegnet ist noch einem Orca.

Seine Geschichte beginnt an einem Montag im März, an dem er von Spanien aus zur afrikanischen Seite unterwegs ist. Es ist 19 Uhr und kurz vor Sonnenuntergang. Um die zahlreichen Großschiffe im Verkehrstrennungsgebiet, das wie eine Autobahn die Schifffahrtswege in der engen Durchfahrt zwischen dem afrikanischen und europäischen Kontinent regelt, möglichst schnell hinter sich zu lassen, läuft das Boot unter Segel und Maschine.

Plötzlich gibt es einen Ruck, als wäre das Schiff auf Grund gelaufen. Der Bug dreht hart nach rechts und weist statt auf den Hafen von Tanger jetzt weit hinaus auf den Atlantik Richtung Kanaren. Aber dabei bleibt es nicht. Ohne sein Zutun dreht sich der Bug des Schiffes unaufhaltsam weiter, bis er schließlich nach Norden zeigt, ungefähr dahin, wo er herkam. Was ist das?

Als Brandon sich nach dem ersten Schreck bückt, um Motor und Autopilot abzustellen, entdeckt er einen Orca neben dem Boot. Er ist 5 bis 6 Meter groß und er agiert sehr, sehr ruhig. Fast sanft, berichtet Brandon überrascht. Es scheint ihm, als ob da wie damals auf der Farm ein Hund mit ihm spielen wollte. Doch Brandon steht in diesem Moment ratlos da: Mit einem Killerwal wie mit einem Hund herumtollen? Wie soll denn das gehen? Was ist seine Rolle in diesem Spiel?

Ein zweiter Orca taucht auf. Er ist es, der wie ein Schlepper im Hafen die Yacht zur Seite bugsiert hat, während ein anderer das Ruder packt. Brandon hat nun das Boot gestoppt, es liegt ruhig. Die Orcas finden das uninteressant.

Doch kaum füllt eine Brise die Segel, kaum erwacht das Boot wieder zum Leben und bewegt sich, sind sie sofort wieder dabei. Brandon kennt das von seinen Hunden. Das Vorgehen der Orcas ist nicht wirklich aggressiv, einfach nur etwas rauer. Sie haben offenbar einen Arbeitsplan: einer ist am Ruder, der andere am Rumpf.

Fünf Orcas zählt Brandon jetzt. Drei große. Zwei kleine, 3 bis 4 Meter lang. Doch wie sie sich ums Boot bewegen, wirkt nicht wie ein impulsives Durcheinander. Es ist strukturiert. Es steckt ein Plan dahinter. Für Brandon sieht das Verhalten aus wie eine Unterrichtsstunde. Die Kleinen schauen zu, was die Großen machen. Es ist, als würden die Kleinen aufmerksam verfolgen, wie die Großen sie unterrichten, und hellwach aufpassen, um nur ja nichts zu versäumen.

Das geht etwa eine Stunde so. Die Orcas drehen das Boot, sie stoßen ans Boot. Sie rempeln gegen das Ruder. Brandon birgt nun auch das Segel, um endgültig alle Fahrt aus dem Schiff zu nehmen. Kaum liegt es still, machen die Orcas noch eine halbe Stunde weiter, wenn auch weniger intensiv.

Und dann geschieht, was Brandon bis heute in den Knochen sitzt. Nach einer halben Stunde machen sich vier der Tiere aus dem Staub. Nur eines bleibt zurück. Es bewegt sich nicht. Sein Kopf ragt 50 Meter entfernt vom Boot aus dem Wasser. Brandon kommt es so vor, als beobachte der Orca ihn. Als verfolge er jede Bewegung des Menschen an Deck, um zu sehen, was er tut. Brandon ist sich sicher: Der Orca hat den Auftrag, ihn nicht aus den Augen zu lassen.

Für Brandon sind diese Momente die schrecklichsten. In diesem Augenblick begreift er das ganze Ausmaß ihrer Intelligenz. Der einzelne Orca scheint ihm wie ein Wächter, der Alarm geben soll, sobald das Boot und seine Besatzung sich bewegen. Brandon fürchtet, was passieren würde, sobald er wieder die Segel setzt. Er hat Angst, dass er sofort wieder ihr Spielzeug würde, sobald das Boot in den Augen des Orca zum Leben erwacht. Auch nicht in seiner Kindheit auf der Farm hat er je mit einem Tier interagiert, das so intelligent war, dass es offensichtlich planvoll auf eine in die Zukunft gerichtete Handlung sähe, erzählt er. Das begriffen hat, dass Brandons Boot ein zweites Mal ein interessantes Spielzeug abgeben könnte, sobald es sich bewegte.

Ja, er hat den Eindruck, die Orcas wüssten sehr genau, dass Brandon sich nach Vorschrift verhält. Sie verstehen, dass mit dem Verstummen der Maschine der da oben auf dem Boot tut, was die meisten anderen Bootsbesatzungen auch tun, nämlich sich an eine geheime Regel zu halten, deren Sinn die Orcas nicht verstehen. Doch sie wissen, dass nach der Stille und dem Stillhalten etwas anderes, Neues geschehen wird.

Brandons Ruder funktioniert nicht mehr. Er treibt manövrierunfähig mit der Strömung Richtung Mittelmeer. Er informiert die spanische Seenotrettung. Seine Sorge wächst, dass durch weiteres Rütteln am Boot die empfindliche große Gummidichtung seines Saildrive-Antriebs beschädigt werden könnte. Das Boot könnte leckschlagen und in Seenot geraten.

Aber dazu kommt es nicht. Das Rettungsboot erscheint und schleppt sie in den Fischereihafen von Tarifa im Norden der Straße von Gibraltar.

Am Ende ist Brandon um einige Erfahrungen reicher. Dass die Orcas nur 15 Minuten brauchten, um seine Ruderanlage wirkungslos zu machen. Sie nutzten das Ruder wie einen Pfannenstiel, um das Boot daran zu schütteln. Und dass ihn sein Ausflug an der Schleppleine der spanischen *Salvamiento Maritimo* 1.700 Euro gekostet hat. Den Orcas zu begegnen sei eine Erfahrung, sagt Brandon. Der spanischen *Salvamiento Maritimo* eine zweite.

Vor allem aber bleibt Brandon ein Bild haften, und es ist schaurig und faszinierend zugleich. Der große Kopf eines Orca im Sonnenuntergang, der aufrecht aus dem Wasser ragt und ihn nicht mehr aus den Augen lässt.

Brandons Bericht birgt die mittlerweile vertrauten Elemente einer Interaktion wie die plötzliche „Kollision“, das Drehen des Bootes, die Anwesenheit von älteren Orcas, die agieren, und jüngeren, die zusehen. Daneben gibt es Ungewöhnliches: die Schnelligkeit, mit der Brandon das Treiben der Orcas als Spiel und nicht als Bedrohung einordnet. Wie die Sicherheit dieser Einschätzung kippt, als ein Orca seinen Kopf aus dem Wasser reckt und Brandon im Auge behält. Sein Eindruck, Zeuge einer Lektion geworden zu sein. Doch wem galt sie? Den jüngeren Orcas? Oder ihm selbst?

Die menschliche Wahrnehmung ist trügerisch, sie spielt uns oft einen Streich. Da ist zunächst die Kollision, die keine ist und die in jedem Bericht vorkommt. Jene Plötzlichkeit der Orca-Attacke, die nicht so plötzlich kommt, wie viele Skipper meinen, weil sie vielleicht zuvor abgelenkt sind und die Schwertwale lange unbemerkt bleiben. Auch das Spiel, das Brandon wahrnimmt und für viele andere kein Spiel, sondern Aggression ist und einem Plan folgt.

War, was die Orcas mit Brandons Boot taten, eindeutig ein Spiel? Waren die Orcas bei Nicky Barwell, Theo Wakefield, Augustin Drion und vielen anderen eindeutig aggressiver als bei Brandon? Oder nimmt unsere Wahrnehmung exakt ein und dasselbe Verhalten ganz unterschiedlich wahr, je nachdem, ob wir es durch Nicky Barwells Brille oder durch die von Brandon sehen, der die Orcas vor dem Hintergrund seiner frühen Erfahrungen mit Großtieren und großen Hunden betrachtet?

Auch jedem, der nie zuvor im Leben einem Orca begegnet ist, spielt die Wahrnehmung einen Streich. Ich erinnere mich an eines der Lieblingsbücher meiner Kindheit. Ein voluminöser Band voller damals ungewöhnlicher großformatiger Tierfotos, aus dem ich bis zum heutigen Tag ein Foto exakt beschreiben kann: das faszinierende Bild eines Orca, der zwischen Eisschollen seinen Kopf mit den großen weißen „Augen“ aus dem Wasser reckt.

Doch die „weißen Augen“ sind keine echten Augen. Unsere Wahrnehmung führt uns in die Irre. Wir haben das Umschlagfoto unseres Buches mit Bedacht gewählt, es ist eines der wenigen, das einen Orca „ungeschminkt“ zeigt, weil man darauf seine richtigen Augen erkennt. Sie sitzen vor dem weißen Augenfleck etwas unterhalb, sind eher schweinsäugig klein und von undurchdringlichem Dunkel. Und sie erzeugen bei uns keinesfalls mehr eine niedliche Anmutung.

In der Biologie nennt man dieses Phänomen Mimikry. Es ist eine „Form der Nachahmung visueller, auditiver oder olfaktorischer Signale, die dazu führt, dass dem Nachahmer und Fälscher Vorteile durch die Täuschung des Signalempfängers entstehen“, schreibt Wikipedia. Mimikry findet man oft bei Räubern. Hai und Hyäne sind unverstellt als Raubtier erkennbar, Tiger und Orca hingegen schaffen es seit jeher als kuschelige Plüschtiere in unsere Kinderzimmer. Sie sind durch ihre Gesichtszeichnung echte Hingucker, auch wenn nicht klar ist, welches Beutetier durch diese Maskerade getäuscht werden soll.

Bei uns Menschen löst das Foto eines Orcas aus, was man als Kindchenschema bezeichnet. Jener psychologische Schlüsselreiz, der beim Anblick der typischen Proportionen eines Kleinkindgesichts oder dem eines Jungtiers unsere Beschützerinstinkte aktiviert.

Wir sind machtlos. Nichts ist niedlicher als ein Orca-Baby, das mit rundlicher Schnauze und den nach der Geburt orangefarbenen statt weißen Flecken eng an seine Mutter geschmiegt durch die Wellen strampelt. Und selbst beim Foto des Kopfes eines ausgewachsenen Schwertwalbullen von über 9 Metern Länge funktioniert dieser Trick der Natur, wie man an meiner Kindheitserinnerung sieht.

Ihre Intelligenz, ihre ungeheure Neugier, ihr Spieltrieb und ihre unbegrenzte Lernbereitschaft machen sie mit Recht zu Stars im Kino und in der Manege von Freizeitparks. Diese Eigenschaften können Zehntausende Menschen aktivieren, wenn es darum geht, eingepferchten Orcas aus Delphinarien in die Freiheit zu verhelfen. Schwertwale haben es weitaus leichter, unsere Sympathien zu erringen als etwa Rothalsgans oder Löffelstör, allesamt Tiere auf der Roten Liste gefährdeter Tierarten, deren Aussterben uns weitgehend unberührt lässt. Orcas kennen wir meist nur von Fotos, von Kinofilmen oder aus Videos, sie sind wie jeder echte Star ideale Projektionsflächen, auf die wir unsere Wunschvorstellungen übertragen.

Aber kennen wir Orcas wirklich? Sind sie wirklich so süß, wie uns das Kindchenschema denken lässt? Anders als bei anderen Tierarten ist unser Wissen über sie seltsam begrenzt – und steckt voller Widersprüche. Wir sind weit davon entfernt, jenes Wesen auch nur annähernd zu verstehen, das nach dem Menschen das räumlich verbreitetste Säugetier ist. „Wir kratzen mit unserem Wissen über Meeressäuger an der Oberfläche", sagt Ulrich Karlowski über die Forschungssituation bei Orcas. „Wir wissen einiges über die Gibraltar-Population. Aber gerade Orcas, vor allem die eher reviertreuen Resident Orcas, sind nur in dem Maße erforscht, wie sie sich von Menschen beobachten und katalogisieren lassen. Die Southern Residents in British Columbia, Spezialisten bei der Jagd auf ihre Beute, den Königslachs, sind die besterforschten Orcas der Welt. Sie verbringen viel Zeit im Jahr dort, wo sie jagen. Wir wissen, es sind 50 bis 60 Orcas, wir kennen jeden. Aber was sie im Winter machen, weiß kein Mensch. Sie verschwinden. Niemand weiß, wo sie sich aufhalten, was sie tun, bevor sie im Sommer einfach zurückkehren."

Die Tiefen der Meere bleiben bislang unergründlich und erschweren bis heute die Beobachtung und Erforschung. Es ist diese Mischung aus Unerforschtem und Widersprüchen, die sie faszinierend und aus unserem menschlichen Blickwinkel zum Rätsel macht. In freier Wildbahn sind Orcas dem Menschen gegenüber zutraulich, und suchen – ganz Delphin – nicht selten menschliche Nähe beim Schwimmen und Schnorcheln, das in Norwegen gerade einen Boom erlebt. Ab umgerechnet 3.000 Euro kann man eine 3- bis 5-Tage-Tour mit Orca-Begleitung im Wasser im Internet buchen.

Auch dies gehört zum Rätsel, dass bislang kaum ein Fall dokumentiert ist, in dem ein Orca in freier Wildbahn einen Menschen attackiert hätte. Wir passen nicht in ihr Beuteschema. Experten vermuten dahinter kulturelle Gründe. Schwertwale sind, was ihre Beute angeht, innerhalb einer Population wie der Orca Iberica ausgesprochen wählerisch und weichen kaum von ihrem erlernten Beuteschemata ab, wie wir später noch sehen werden. Wir Menschen sind als Beute für sie weltweit ein unbeschriebenes Blatt. Ein blinder Fleck, weil vermutlich keines ihrer Muttertiere sie jemals darin unterrichtete, wie das geht, einen Menschen zu erlegen und zu verspeisen. Allerdings sind mindestens vier Fälle bekannt, in denen dressierte Orcas in Freizeitparks ihre Trainer angegriffen und getötet haben. Der Stress, in engen und flachen Delphinarien eingesperrt zu leben, statt frei durch die Meere zu ziehen, ist belegt.

Wer im Frankfurter Senckenberg Naturmuseum oder im Internet das Foto eines Orca-Skeletts aufruft, begegnet einer anderen Seite als dem Kuscheltier. Sein Kiefer nimmt wie beim Krokodil etwa ein Fünftel der Körperlänge ein, seine 50 bis zu 10 Zentimeter langen Fangzähne greifen lückenloser als bei dem gefürchteten Reptil ineinander. Das Skelett enthüllt, wen wir vor uns haben: Schwertwale sind die ins Wasser gegangenen Nachfahren frühzeitlicher Landraubtiere. Heute sind sie „der mächtigste Räuber der Meere, der Top-Predator auf unserem Erdball“, wie Biologe und Walschützer Ulrich Karlowski es formuliert. Der Orca verfügt über „das effektivste Jagdverhalten, was auch eine sehr hohe soziale Kompetenz und Absprachen voraussetzt. Sie sind ungewöhnlich neugierige Raubtiere. Mir fällt kein Landraubtier ein, das so neugierig wäre.“

Zu den Hypothesen, was hinter den ungewöhnlichen Interaktionen der Orcas stecken könnte, gehört auch das Thema Jagd. Auf der Suche nach Analogien und Verhaltensmustern zu den Bootsangriffen stößt man unter dem Suchbegriff „Orca hunt“ im Netz auf eine ungeheure Zahl von Fotos und Videos, die verblüffende Einblicke gewähren in ihre Cleverness bei Raubzügen. Wer sich bei der Betrachtung der teils reißerisch, teils gut recherchierten Videos in den sozialen Medien konzentriert, kann nicht anders, als zu dem Schluss kommen, dass Orcas weitaus intelligenter sind, als sie beim scheinbar sinnfreien Zersplittern eines Ruders vermuten lassen. Sie können sich bei ihren erfolgreichen Jagdzügen nicht nur untereinander durch Lautsignale organisieren, sondern selbst über stundenlange Attacken hinweg abstimmen.

Ihr Erfindungsreichtum im Entwickeln unterschiedlicher Jagdstrategien kennt keine Grenzen. Der gezielte Einsatz ihrer Körperteile bei der Jagd und die Vielfalt ihrer Tricks beim Beutemachen macht klar, dass Orcas nicht einfach nur „losschwimmen und zubeißen", sondern in ihren Methoden klar zwischen Ursache und Wirkung ihres Vorgehens unterscheiden können, ja sogar wie wir Menschen bewusst Chancen und Risiken abwägen. Sie wissen, was sie tun.

Ihre erfolgreichsten Waffen bei der Jagd sind noch vor Kiefer und Körperkraft andere, nämlich ihre vielfältigen „Soft Skills": Kommunikation, Abstimmung mit anderen aus der Gruppe, Weitergabe von erfolgreichen Jagdtechniken an Jungtiere durch jahrelanges Training unter Anleitung. Erst dann folgen Geschwindigkeit und kräftiges Zuschnappen.

Beginnen wir unsere Beobachtung des Jagdverhaltens der Schwertwale in der Antarktis, wo die *BBC* vor mehr als zehn Jahren die Serie „Frozen Planet" drehte. Neben Eisbären beobachten wir mithilfe von Drohnen auch jene Orca-Cleverness, mit der sie Jagd auf Robben und Seeleoparden machen. Selbst auf so knifflige Fragen wie „Wie komme ich an die Robbe auf der Rieseneisscholle ran?" haben sie mehrere Antworten parat.

Denken Sie einmal kurz nach, bevor Sie weiterlesen: Sie sind hungrig. Sie sind im eiskalten Wasser. Was könnten Sie von unten aus unternehmen, um oben an die saftige Robbe inmitten der Eisfläche ranzukommen?

Orcas lassen die Physik für sich arbeiten. Während ein Orca den Kopf aus dem Wasser reckt, die Robbe im Auge behält und dann per Pfiff die übrigen Gruppenmitglieder anweist, nehmen mehrere Tiere aus einiger Entfernung Anlauf. Beschleunigen eng nebeneinander auf maximale Geschwindigkeit, die unter Wasser 56 Stundenkilometer erreicht. Tauchen knapp unter der Scholle durch und produzieren dabei starken Wellenschlag, der die Scholle ins Wanken bringt und sie in 100 Teile zertrümmert. Die Robbe, die vom schwankenden Eis unweigerlich ins Wasser rutscht, hat kaum eine Chance.

Faszinierend an diesem Vorgehen sind vor allem die erwähnten Punkte: Koordination, Abstimmung, Teamwork zwischen „Zertrümmerern" und „Fängern". Ganz offensichtlich gehört auch physikalische Erfahrung dazu, bei welcher Temperatur und Eisdicke es sich lohnt, die „Zersplitter-die-Scholle"-Taktik einzusetzen. Bei kleineren Eisschollen schafft es bereits ein einzelner Orca, mit etwas Anlauf einen kleinen Tsunami so punktgenau vor die Scholle zu setzen, der die eben noch träge blinzelnde Robbe von der Platte ins Meer wäscht, wo die Jagd schnell endet.

Selbst Robben am Land, die sich hinter dem Saum brechender Wellen am Strand in Sicherheit wähnen, holen sich die gewieften Jäger. Es gibt viele Berichte hilflos gestrandeter Orcas, doch die tonnenschweren Tiere setzen Strandung als Jagdtechnik ein. Sie scheinen für diese Taktik ausreichend hohe Wellen für eine kontrollierte Strandung berechnen und erwarten zu können, stürzen sich in der Welle mit geöffnetem Maul auf den Strand. Und schnappen blitzschnell nach der Robbe oder einem Pinguin. Wehe der Robbe, die dem geöffneten Rachen die Schwanzflosse zeigt, statt sich gegen den aufgerissen Rachen wie ein Besenstiel mit durchgestrecktem Körper zu sperren. Die Flosse ist nicht nur bei der Robbe die beste Stelle für den Orca, sie zu fassen.

Hat er die Flosse gepackt, drischt er die Robbe gleich einem nassen Lappen hart auf den Boden, um sie zu betäuben.

Und um danach die nächste Welle abzuwarten und sich mit der Robbenflosse unter zuckenden Windungen vom Flach freizuschwimmen.

Die Technik der kontrollierten Strandung im Flachwasser ist nicht ungefährlich für die Jäger. Einem Schwertwal, der sich dabei verrechnet, wird seine Gier zum Verhängnis. Wer auf dem Strand festsitzt, den bringen auch all seine Windungen nicht zurück ins Wasser. Orca-Mütter trainieren das Manöver mit ihren Jungen wieder und wieder, aber offensichtlich bringt nicht jeder Orca die Skills und Cleverness mit, dieses Manöver sicher zu beherrschen.

Auch bei dieser Technik wissen die Schwertwale, dass sie im Team erfolgreicher sind, und führen das Manöver „In-der-Welle-an-den-Strand" oft parallel nebeneinander aus. Die Chance, dass einer von ihnen die Flosse einer irritierten Robbe packen kann, ist im Team allemal höher. Geteilt wird hinterher immer brüderlich, wie man auch bei der Jagd von Orcas auf den großen Weißen Hai vor der Küste Australiens sieht.

Jede Orca-Population ist hoch spezialisiert auf ihr gewohntes Habitat und auf ausgewählte Tierarten als Beute. Sie sind auch nicht ohne weiteres in der Lage, ersatzweise auf andere Beutetiere umzusteigen, wie man in Kanada sieht, wo ihre Beute, der Chinook-Lachs, am Aussterben ist und die dortigen Orcas deshalb hungern.

Andererseits sind sie in anderen Revieren auch ihren engsten Verwandten, den Delphinen, nicht abgeneigt, wenn sie sich einmal auf diese Beute spezialisiert haben. So jagen, erbeuten und fressen Orcas in manchen Regionen auch Delphine, allerdings nicht vor Gibraltar. Die blitzschnellen und wendigen Delphine werden, wie Drohnenaufnahmen zeigen, durch einen brutalen Rammstoß mit Top-Speed von unten meterhoch in die Luft geschleudert. Große Stachelrochen werden durch einen lässigen Schlag mit der Fluke durchs Wasser gewirbelt wie nasse Fetzen. Taktik in beiden Fällen ist, das Opfer durch innere Verletzungen bewegungsunfähig zu machen, sodass es leichter zur Beute wird. Große Haie vor Südafrika werden erlegt, indem Schwertwale sie zu Mehreren eng umkreisen, durch Blasenringe von unten verwirren, bis einer sich die begehrte Hai-Leber hinter der Brustflosse herausbeißt.

Wie bei Robben spielen auch hier die Flossen des Beutetiers bei der Jagdtechnik gelegentlich eine Rolle. Wobei Orcas es bei Haien offensichtlich nur auf die nährstoffhaltige Leber abgesehen haben und das harnstoffhaltige Haifleisch verschmähen.

Nichts für schwache Nerven ist die Jagd von Orcas auf Blauwale, die größten Tiere auf unserem Planeten. Erst in den letzten Jahren gelang es Forschern in der Bremer Bay in Südaustralien, sie dabei zu filmen. Zuvor haben Wissenschaftler lange diskutiert, ob es überhaupt möglich sei, dass Schwertwale Tiere von drei- bis fünffacher Körpergröße angreifen oder gar erlegen können. Die neuen Aufnahmen zeigen, dass einzelne Gruppen ihre Jagdstrategie auf diese Beute optimiert haben und dabei zu Spezialisten wurden, die fast wie Facharbeiter an einem Fließband in vorher verabredeter Aufgabenteilung und vielstündiger Kleinarbeit ihr Ziel erreichen.

Wiederum ist ihre Jagdtaktik entscheidend. Orcas arbeiten notorisch gerne zusammen und beginnen den Angriff auf einen Riesen in kleinen Gruppen. Sie konzentrieren sich dabei zunächst auf drei Interaktionen: Rammstöße an Kopf und Nackenbereich, offensichtlich mit dem Ziel, die Beute zu betäuben. Das Beibringen oberflächlicher und tieferer Fleischwunden durch Bisse an ungedeckten Körperteilen, um durch Blutverlust die Erschöpfung eines gehetzten und gequälten Tieres zu erreichen und gleichzeitig andere Orcas anzulocken. Durch Körpergewicht älterer und schwererer Orcas die Blaslöcher des Opfers unter Wasser zu drücken, um es zu ersticken. Schließlich das gezielte Abbeißen und Abreißen der Rücken- und Brustflossen, um die Beute ihrer Abwehrmöglichkeiten zu berauben. Einem Wal, noch dazu einem Plankton- oder Krillfresser, bleiben vor allem passive Möglichkeiten zur Verteidigung, zumal er anders als ein Pottwal über keinen zahnbestückten Kiefer verfügt: schnelles Abtauchen in große Tiefen, die Flucht und im fortgeschrittenen Stadium das Rollen im Wasser, um sich der beschriebenen Attacken zu entziehen.

Das Erlegen eines großen Wals zieht sich über Stunden hin. Es ist ein faszinierendes und grausames Schauspiel, weil Natur auch das ist: faszinierend und grausam. Wenn der aus vielen Wunden blutende Koloss dem Ansturm wechselnder Orcas durch Wälzen zu entgehen sucht. Wenn immer wieder Orcas auf dem Kopf des Meeresriesen gezielt „stranden" und liegen bleiben, um ihn durch ihr Gewicht unter Wasser zu drücken und ihre riesige Beute langsam zu ertränken. Wenn das gewaltige Maul eines Wals um Luft zu ringen scheint und zuletzt eine erfahrene Orca-Matriarchin den Heranwachsenden in der Herde vorführt, wie man einem lebenden Wal die Zunge herausbeißt, indem sie mitten in das im stummen Schrei erstarrte Maul eines Plankton- oder Krillfressers schwimmt und die Zunge abbeißt und herausreißt. Das Ende des flossenlosen Torsos, der immer matter wird, ist besiegelt.

Aber nicht nur Blauwale werden so erlegt. Filmaufnahmen eines passionierten Walbeobachters zeigen die gleichen Jagdstrategien nicht nur vor der Südküste Australiens, sondern auch an erwachsenen Grauwalen oder an Grauwal-Babys in Baja California/Mexiko.

So sehr sich auch Beuteschema und Spezialisierung der verschiedenen Orca-Populationen voneinander unterscheiden mögen: Vor allem Rammstöße und das Abbeißen der Flossen des Beutetieres sind sowohl in der Antarktis als auch vor Kalifornien oder Südaustralien verbreitet.

Wir kennen sie auch aus dem Verhalten der Orcas vor der Iberischen Halbinsel, aber dort nicht von der Jagd auf den für sie als Nahrung relevanten Thunfisch. Sondern aus Interaktionen mit Segelyachten, wo Rammstöße fast in jeder der vorangegangenen Beschreibungen eine Rolle spielen und vor allem die Zerstörung des freistehenden Ruders planvoll im Mittelpunkt steht, das wie eine Flosse absteht.

Können die Orca-Attacken etwas mit dem Jagdverhalten zu tun haben? Die meisten Wissenschaftler und Naturschützer verneinen dies zunächst. Das Abbeißen der Flossen kenne man aus anderen, entfernteren Populationen, nicht aber aus dem Jagdverhalten der Orca-Iberica-Gruppe, lautet ein häufiges Argument. „Hat also nichts mit unseren Orcas zu tun.“ Andere wie der Meeresbiologe Jörn Selling wollen der Verwandtschaft der Segelyacht-Attacken mit jagdlichem Verhalten nicht ganz abschwören. Im Gegenteil: „Das Abbeißen der Flossen gehört bei vielen Fischen zum üblichen Jagdrepertoire. Auch wenn sich die Orcas an der Straße von Gibraltar und entlang der Küsten Portugals und Nordspaniens beim Thunfisch im Lauf der Jahre mit immer „kleineren Fischen“ zufriedengeben mussten: Sie haben nicht verlernt oder vergessen, wie man den bis zu 70 Stundenkilometer schnellen und bis zu dreieinhalb Meter langen Thunfisch am ehesten erbeutet: durch das Abbeißen der Flossen.“

Ich frage Jörn Selling, was die Orcas seiner Meinung nach im Ruder einer Yacht sehen: Beute? Trainingsobjekt? Oder etwas Drittes? „Sie haben erkannt, dass das Ruder eines Segelboots das Pendant zur Flosse eines Beutefisches ist. Aber es ist nicht so, dass sie es verwechseln würden mit einer Flosse. Sie haben begriffen: Es ist der Schwachpunkt dieses Objekts.“

Orcas haben einen Schwachpunkt ausgemacht und nutzen ihn nun gezielt aus, um Yachten zu stoppen? Wachen sie wie in Brandon Sails Bericht darüber, dass Boote sich im Anschluss ihrer Interaktion nicht weiterbewegen? Wenn diese Einschätzung stimmt, wäre das ein Beweis, dass sie einem Plan folgen, egal ob er darin besteht, die Boote zu stoppen, sie zu vergrämen und sich so das Meer zurückzuerobern.

Gibt es aber auch andere Erklärungen? Ich erinnere mich in diesem Zusammenhang an die extravagante Kopfbedeckung des juvenilen Orcas Alder, das ich im Kapitel „Mode“ beschrieben habe. Auch in dieser Geschichte hatte das spielerische Abbeißen der Flossen eines Beute-Lachses seine Bedeutung als Training. Ich frage mich, ob ich mich mit meiner Argumentation verrenne, und forsche bei Fabian Ritter in Berlin nach. Er äußert sich anfänglich kritisch über die Flossen-Theorie.

„Das Vorgehen gegen Flossen mit den Interaktionen mit Segelyachten in Verbindung zu bringen, halte ich für arg spekulativ. Ich glaube nicht, dass die Orcas vor der europäischen Westküste trainieren, wie man auf Flossen geht.“

Doch was der Meeresbiologe und Walforscher weiter sagt, scheint mir nicht als Widerspruch, sondern als Bestätigung, dass es eine Verbindung zum Jagdverhalten geben könnte: „Beim Lachs wird ein Spielzeug zurechtgemacht, so dass es nicht abhauen kann. Das eine entwickelt sich aus dem anderen. Lachs ist anfangs lediglich Beute – aber später fühlt sich das für die Orcas lustig an. Dann machen sie das weiter aus Spaß. Sie haben Grips.“

Sie haben den Schwachpunkt eines Objekts gefunden. Und dann machen sie einfach weiter. Beide Aussagen lassen vermuten, dass die Orcas vor der Iberischen Halbinsel ihr Verhalten nicht aufgeben werden, woher es auch immer kommen mag.

Ein Thema aus den vielen Augenzeugenberichten habe ich bisher umschifft, es ist heikel. Aber wir besitzen nun genug Vorwissen über Orcas, um es anzupacken. Was Orcas mit Booten treiben, ist das Aggression? Oder ist es, wie Brandon und andere vermuten, nur ein Spiel?

Kapitel 14.
Aggression.

Sommer 2019. Küste zwischen Albufeira und Faro, Algarve, Portugal.

Für Guilherme Estrela und die anderen ist es an diesem Tag eindeutig eine Botschaft. „Sie wollen uns nicht da haben“, begreift er. „Wir sollen hier weg.“

Er beschäftigt sich seit mehr als zehn Jahren mit Cetaceen, er kennt das Verhalten von Walen und Delphinen und er wird sich sein Leben lang weiter mit ihnen beschäftigen. Doch was er in diesem Moment wahrnimmt, ist eindeutig Aggression, spätestens, als er die Blasenringe aus dem Atemloch des Orcas aufsteigen sieht. Sie bringen die Wasseroberfläche um das Schlauchboot herum zum Schäumen. Aber damit ist die Sache für ihn noch nicht vorbei.

Guilherme Estrela erinnert sich noch gut an jenen Tag, an dem alles begann und es mit den Orcas irgendwie anders lief als sonst. Es war im Sommer 2019. Wie an den meisten Tagen im Sommer legt er mit sieben seiner Kollegen auch an diesem Tag aus dem Hafen von Albufeira auf einem motorisierten Schlauchboot ab. Er und die anderen Biologen von AIMM. AIMM – *Marine Environment Research Association* ist eine portugiesische Non-Profit-Organisation, die durch Beobachtung und Datenerhebung die Cetaceen an der Südküste Portugals erforscht.

Guilherme ist als Meeresbiologe seit vielen Jahren dabei und steht meist als Skipper am Steuer der türkisfarbenen AIMM-Boote. Auch heute fahren sie raus, um mit Praktikanten und Studenten Delphine zu beobachten und möglichst genau zu dokumentieren. Und um nachzusehen, ob die Orcas kämen. Guilherme weiß, es ist der richtige Zeitpunkt. Man trifft sie vor der Algarveküste vor allem im späten Frühjahr, wenn sie den Thunfischen nach Süden folgen, oder im Sommer, wenn sie nach Norden ziehen. Als sie an diesem Tag tatsächlich Schwertwale sichten, fällt Guilherme ein Tier besonders auf. Es zeigt auffälliges Interesse an dem türkis-grauen AIMM-Schlauchboot, das mit den Biologen in einigem Abstand zum Pod, der Gruppe der Orcas, ruhig in der See liegt.

Guilherme Estrela wundert sich. Das Tier gibt die bisher übliche Zurückhaltung auf. Nähert sich langsam. Schwimmt bis ans Boot. Und verpasst ihm mit dem Kopf einen Stoß. Ist es ein Versehen? Eine falsche Wahrnehmung von Guilherme? Ein Rempler wie hundert andere, die passieren, wenn Mensch und Großtier sich zu nahe kommen? Guilherme kommt das Verhalten des Orcas merkwürdig vor.

Ein Jahr später, im ersten Corona-Jahr, ist Guilherme erneut mit sechs Kolleginnen und Kollegen von AIMM vom Stützpunkt in Albufeira aus auf dem Schlauchboot ostwärts unterwegs, als ihnen eine Gruppe Orcas auffällt, die vor der langen Hafeneinfahrt nach Faro eine Segelyacht schubsen. Guilherme steht am Steuer des 6,70 Meter langen und 135 PS starken Schlauchboots und beschließt augenblicklich, der Segelyacht zu Hilfe zu eilen. Schon beim Näherkommen erkennt er einen alten Bekannten, einen Jungbullen, der schon mehrfach mit Booten interagiert hat. Bei der Annäherung des Schlauchboots zieht sich der Jungbulle zurück zu seiner Gruppe, die etwas abseits aus zwei weiteren juvenilen Tieren besteht sowie einer Mutter mit ihrem Kalb.

Guilherme und die anderen im Schlauchboot beobachten aus der Distanz Mutter und Kalb, die gerade einen Thunfisch fressen, als der Jungbulle näherkommt – und jetzt beginnt, das Schlauchboot mit den Biologen an Bord zu bearbeiten. Bevor Guilherme sich versieht, sieht er sich zwei Orcas gegenüber.

Sie dreschen mit ihren Fluken auf Bug und Heck des schweren Gummiboots ein. Rammen es. Stoßen es im Kreis herum.

Die Crew wird nervös. Guilherme fällt auf, dass Mutter und Kalb sich während dieser Aktionen abseits halten, während die Jungbullen ruhig, doch kraftvoll agieren. Ihre Stöße sind so heftig, dass zwei seiner Begleiter zu Boden stürzen. Erst jetzt, unter den Schlägen mit den meterbreiten Fluken, empfinden Guilherme und die Studenten auf dem Schlauchboot ihre Verlorenheit in der Weite der See. Wie klein ihr Schlauchboot ist. Wie ohnmächtig sie sind. Und wie entschlossen die Tiere. Er begreift in diesem Moment: Sie wollen ihn weghaben.

Für Guilherme ist das Verhalten der Orcas überraschend und neu. Wie sie das Schlauchboot herumwirbeln, wie sie es anrempeln, wie sie mit ihrer Fluke von allen Seiten auf den Gummibalg des Bootes einschlagen. Die Neugier siegt über seine Besorgnis. Er versucht herauszufinden, ob er ihr Verhalten beeinflussen kann. Er stellt den Außenborder ab. Zunächst reagieren die Orcas behutsamer, doch kurze Zeit später machen sie mit dem Boot, was sie wollen.

„Den Motor zu stoppen war das Dümmste, was ich machen konnte“, denkt sich Estrela und betätigt erneut den Anlasser. Versucht, sich erst langsam davonzustehlen, dann zu beschleunigen. Bis 9 Knoten, der Geschwindigkeit eines schnellen Marathonwettkämpfers, schwimmen die Schwertwale locker mit und prügeln weiter auf das Boot ein. Guilherme schiebt den Gashebel weiter nach vorne und beschleunigt auf 18 Knoten, fast 35 Stundenkilometer, die drei- bis vierfache Geschwindigkeit einer Segelyacht. Die Schwertwale beeindruckt das wenig. Sie bleiben einfach unter dem Boot und halten mühelos mit. In Guilherme macht sich die Einsicht breit, dass er die Tiere nicht los wird. „So fühlt sich also ein Segler“, denkt er.

Er probiert alles: dreht Kreise, stellt das Echolot ab und an. Nur den Rückwärtsgang will er nicht einlegen. Schlauchboote haben kein Ruder, ihr ungeschützt und frei wirbelnder Propeller könnte ein Tier schwer verletzen. Die Begegnung dauert unangenehme zwei Stunden, dann ziehen sich die Orcas zurück.

Ein Jahr später, im Spätsommer 2022, sichten Guilherme und seine Studenten Schwertwale vor Lagos, der westlichsten Hafenstadt an Portugals Südküste. Es sind Jungbullen und Mütter mit ihren Kälbern. Die Gruppe ist auf der Jagd und erbeutet einige Thunfische. Als sie sich aufteilt, folgt Guilherme in weitem Abstand der Mutter mit ihrem Kalb. Die Mutter ist erregt, beobachtet Estrela. Sie dreht ab, als sie näher kommt, stößt sie unter Wasser Luftblasen aus. Sie taucht, kommt hoch und rempelt das Schlauchboot mit Kraft.

„Das war das erste Mal, dass nicht ein Jungbulle, sondern ein erwachsenes Weibchen mein Boot rammte“, erzählt Guilherme. „2021 waren es ja nur Jungbullen-Rowdies und keine ausgewachsenen Orcas, die dieses Verhalten gezeigt haben. Diesmal war es ein ausgewachsenes Tier. Und ein Weibchen dazu. In 2022 hatten wir etwa sechs Sichtungen, bei zweien davon wurde das Boot länger gerammt.“

Am Ende wird der Walschützer mit ungewohnter Deutlichkeit zusammenfassen, wie er das veränderte Verhalten der Orcas deutet und wie er für sich als Naturschützer damit umgeht.

„Ich habe Freunde, die attackiert wurden. Es sind 16 Tiere, die das machen. Ich finde Orcas faszinierend. Ich werde Cetaceen mein Leben lang studieren. Aber ich weiß auch, dass es eine Menge Leute gibt, die ihre Meinung ändern würden, wenn sie auf einem kleinen Boot wie unserem wären und die Orcas erleben würden, wie sie auf das Boot einschlagen.

Ich dachte mir, ich halte eine Unterwasserkamera ins Wasser und filme ihr Verhalten. Aber das alles ergibt schlichtweg keinen Sinn. Mal ist ihr Verhalten eindeutig aggressiv. Mal ist es Spiel. Ich habe seitdem einen anderen Blick auf das, was da gerade geschieht. Ich sehe einfach die Gefahr für Segler.“

Vor kurzem beobachtete er ein Segelboot, das attackiert wurde. Er konnte eingreifen, indem er die zehn Orcas von ihrem

Heck ablenkte bei ihrem Versuch, ans Ruder der Segelyacht zu gelangen. „Mein Eindruck ist, dass die Interaktionen in diesem Jahr gewalttätiger werden. Dass wir uns in Richtung Gewalt bewegen, dessen bin ich mir sicher."

In Guilherme Estrelas Erzählung ist Verschiedenes erwähnenswert. Da spricht ein engagierter Delphin- und Walschützer, kein Racheengel. Da ist die Schilderung einer frühen Orca-Interaktion ein Jahr vor dem massiven Auftreten von Interaktionen. Jener frühe „Rempler mit dem Kopf", an dem ich noch bemerkenswerter Guilhermes Beobachtung finde, die auch mein irischer Bootsnachbar Paul machte: dass Tiere plötzlich die sichere Distanz zu Booten „verlernen", ja jetzt sogar den engen Kontakt zum Boot suchen, wie der Forscher Renaud de Stephanis im Kapitel „Hunger" beobachtet hat.

Nach dem Telefonat mit Guilherme klicke ich mich gedankenversunken im Netz durch Orca-Selbsthilfe-Plattformen, deren Mitglieder sich untereinander über Abwehrmöglichkeiten austauschen. Die meisten Ratschläge sind ernst gemeinte, passive Lösungsversuche. Manche allerdings sind einfach nur widerwärtig und Tierquälerei: „Wenn du sie siehst, wirf mit Gewichten beschwerten Stacheldraht über den Orcas aus. Oder benutze einfach einen Laserpointer und richte ihn direkt in ihre Augen."

Es ist pure Aggression, wie nur der Mensch sie kennt und mittlerweile auch Raum für jede Art von verbaler Aggression in den sozialen Medien erhält, und sei sie noch so am Rande der Legalität. Die Administratoren dieser Seiten unterbinden konsequent nicht legale Maßnahmenvorschläge und Tierquälerei, doch die latente bis offene Aggression bleibt und nimmt mit jedem zerstörten Ruder, mit jeder Interaktion zu, die über eine bloße Sichtung hinausgeht.

Guilherme liegt mit seiner Prognose über zunehmende Gewalt leider richtiger, als er ahnt. Nicht nur die Interaktionen der Orcas könnten rabiater werden, auch die der Menschen. Häufig sind es nicht einmal Segler, die nach konkreten Lösungen suchen, sondern eher Unbeteiligte, die ihrer Aggression freien Lauf lassen und dadurch die Wut schüren.

Aggression kenne ich tatsächlich eher vom Menschen als von Tieren. Sie ist Bestandteil unseres Sozialverhaltens und fester Teil unseres Miteinanders. Kein Tag, an dem wir ohne sie auskommen: Wenn wir auf der Autobahn die Lichthupe benutzen, um schneller vorwärtszukommen. Wenn wir Kämpfe in der Beziehung oder um Parklücken führen. Wenn wir uns beim Einsteigen in den Bus drängeln oder aus Wut mit Türen knallen. Was das angeht, sind wir merkwürdige Heilige. Keine der großen Weltreligionen, die nicht versucht hätte, uns die Aggression auszutreiben und uns zu ihrem Gegenteil zu bekehren. Und keine Religion, die nicht irgendwann ihren Namen und den Segen zu einer Aggression gegeben hätte.

Ich fürchte, menschliche Aggression ist von ganz anderer Qualität als die tierische. Doch was ist Aggression bei Tieren? Aggression sei „alle gegen einen Rivalen gerichteten Angriffshandlungen (von Tieren)", sagt das alte gedruckte Lexikon in meinem Buchregal. Rivalität steht also im Mittelpunkt aggressiven Verhaltens, Rivale ist, wen ich weghaben will, wer mir im Weg und mit mir im Wettbewerb steht. Um Paarungsmöglichkeiten, um Futter, um Revier. Sieht uns die kleine Gruppe aggressiver Orcas mittlerweile als Konkurrenten um Revier und Futter? Es ist nicht auszuschließen.

Aggression sei beteiligt, wo „Tiere andere Tiere einer anderen Art bejagen oder sich gegen sie verteidigen." Oder tauche auf als „intraspezifische Aggression, bei der Tiere Angehörige ihrer eigenen Art angreifen", sagt das Onlinelexikon *Encyclopedia Britannica.*

Gerade letztere ist weit verbreitet, man denke an Revierkämpfe von Hirschen, Aggression bei Hunden, die aufeinander losgehen, und ebenso bei Katzen. Mir fallen auch die zum Teil tödlich endenden Feldzüge von Schimpansen gegen andere Schimpansengruppen ein.

Orcas sind da anders. Ihnen scheint Aggression gegen die eigene Art fremd zu sein wie den Delphinen auch. Selbst in Berichten über Orcas auf der gemeinsamen erfolgreichen Jagd gibt es beim Teilen einer erbeuteten Robbe oder eines Grindwal-Babys offensichtlich wenig Querelen untereinander. Selbst Aggression um Paarungsmöglichkeiten scheint ihnen fremd, wenn zeugungsfähige Jungtiere sich vorübergehend aus der lebenslangen Gemeinschaft ihrer Matrilinie verabschieden und allein „auf die Walz gehen", vermutlich, um eine Partnerin einer anderen Matrilinie zu erobern und dadurch Inzucht in der eigenen Herde zu vermeiden. Keine Aggression also innerhalb der Familie. Es wäre faszinierend zu glauben, ihre lebenslange matriarchalische Gemeinschaft wäre über jenes Gezänk erhaben, ohne das wir Menschen keinen Tag auskommen.

Bleibt als Erklärungsmodell für die mehreren Hundert zertrümmerten Ruder die in der Definition oben erwähnte Jagd. Die Frage, ob Jagdverhalten bei den Orca-Aktionen eine Rolle spielen könnte, ist nicht auszuschließen, birgt allerdings ein großes „Aber". Wenn wir unterstellen, dass Orcas intelligente Wesen sind, dann kann man davon ausgehen, dass sie sehr wohl zwischen dem leblosen Ding „Boot" und einer lebenden Beute unterscheiden können. Wenn aber Orcas zwischen beidem unterscheiden können, kann der Jagdinstinkt allein die Aggression gegen Segelboote nicht erklären.

Fragt man Wal- und Delphinschützer, ob bei den Orca-Interaktionen Aggression im Spiel sei, wird das oft schnell verneint. Die meisten fühlen sich damit unbehaglich. Vielleicht passen Erklärungen wie Aggression oder Jagd schlecht ins Narrativ einer durch menschliche Aktivität gestressten und vom Aussterben bedrohten Art. Das Unbehagen der Tierschützer ist nicht ganz von der Hand zu weisen. Wenn Orcas im Verdacht stehen, bewusst aggressiv vorzugehen, führt das schnell zu unkontrollierbarer Aggression auf der Seite derer, die sich bedroht fühlen – einer Eskalation, an der niemand Interesse haben kann.

Unterhält man sich mit Wissenschaftlern wie Renaud de Stephanis, ob er im Verhalten der Orcas gegenüber Segelyachten Aggression erkennt, identifiziert er beides: „Ich glaube immer noch, dass es ein Spiel ist, auch wenn es Formen der Aggression annimmt", sagt der französische Wissenschaftler, als wir telefonieren. Er ist seit 1995 in der Straße von Gibraltar unterwegs, um zu forschen, aufzuklären und sich für den Schutz von Walen und Delphinen einzusetzen. Er präzisiert aus eigener Erfahrung: „Ich sah sie spielen mit einer Plastikflasche. Ich sah sie spielen mit einer Tüte. Orcas sind schnell. Orcas sind kraftvoll. Orcas agieren", sagt de Stephanis, „doch sie sind nicht aggressiv dem Menschen gegenüber. Es ist keine Aggression per se. Aggression ist, wenn sie vorsätzlich etwas tun, um zu schaden." Und dann erklärt er mir, es sei nur eine Sache unserer Wahrnehmung, ob wir in ihrem Verhalten Aggression oder nur ein Spiel erkennen, das aus dem Ruder läuft, weil wir es mit einem kraftvollen Großtier zu tun haben, das nicht immer wisse, was es tue.

An dieser Stelle unseres Gesprächs wird es vertrackt. Während de Stephanis mir die Sache mit der Wahrnehmung erklärt, denke ich an mein eigenes Verhalten Tieren gegenüber. Es macht mir nichts aus, wenn meine Katze mich im Spiel kratzt. Als Katzenliebhaber weiß ich, es ist nur ein Spiel. Andere hingegen empfinden kratzende Katzen als aggressiv, ja bisweilen als böse. Mancher Hundefreund ist im Gegensatz zu mir schnell bereit, „Der spielt nur, der beißt nicht", zu rufen, wenn sein Hund dabei ist, ein Hosenbein zu zerreißen.

Sehen wir die Orcas tatsächlich richtig? Mein Gespräch mit Renaud de Stephanis bringt mich in Zweifel. Kann ich angesichts einer zerrissenen Hose behaupten, Nachbars Lumpi würde nur spielen, es sei ja in Wahrheit keine Aggression? Kann man angesichts Hunderter zerstörter Ruder durch eine kleine Gruppe von Orca-Individuen noch die These halten, es wäre keine Aggression? Diese 16 Orcas wüssten nicht um die Folgen ihres Tuns?

De Stephanis und ich merken, dass unser Gespräch an einem kritischen Punkt angelangt ist. Einer Eingebung folgend, frage ich ihn, ob er einen Hund besitzt. Er stutzt. Dann bejaht er die Frage. Ich bohre weiter. „Großer Hund oder kleiner Hund?“, frage ich den Forscher. „Ich hatte mehrere Hunde, meistens große. Einen Labrador. Einen Schäferhund.“

Zum wiederholten Mal stolpere ich bei meinen Gesprächen über dieses Phänomen: Menschen, die über Großtiererfahrungen verfügen, seien es Segler oder Forscher, ordnen das Verhalten intuitiv als Spiel ein. Wissen sie mehr als der Rest? Sind sie näher dran an großen Tieren als alle anderen? Haben sie schneller eine Lösung für das Rätsel der Orcas? Oder täuscht ihre Wahrnehmung sie, weil sie die Welt durch die Brille ihrer „Großtier-Erfahrung“ betrachten?

Weil ich nicht weiter weiß, wage ich am nächsten Tag einen Versuch. Ich spüre, dass ich eine andere Brille auf der Nase brauche, als das Orca-Verhalten immer nur durch die Brille der Orca-Experten zu sehen, und wähle die Telefonnummer von Cecilie Clegg Littler. Die 34-Jährige absolvierte parallel zu ihrem Studium eine Ausbildung in Großbritannien zum „International Dog Trainer & Behaviorist”. Weil die Geheimnisse tierischen Verhaltens sie früh faszinierten, schmiss sie ihr Studium und gründete ihre Schule *Cecilie & Dogs*, wo sie sich seither neben Ausbildung und Training von Hunden für die Schafhaltung vor allem um „Problemhunde“ kümmert. Um Tiere, die sich Verhaltensweisen angeeignet haben, die in ihrem Vorleben vielleicht von Vorteil waren oder sich aufgrund negativer Erfahrungen eingeschlichen haben. Sie trainiert Hunde, die das Steak vom Esstisch klauen, wie auch Hunde, die im Freien durchgehen. Hunde, die Rehe hetzen, und schwere Fälle, die Aggressionen gegen Sachen zeigen. Und gegen Menschen. Kann sie mir beim Thema Aggression von Tieren weiterhelfen?

Sie erinnert sich an den Fall einer Schäferhündin, die schon beim geringsten Anlass ohne Vorwarnung Menschen attackierte. „Sie war von Menschen so enttäuscht“, erzählt sie, „dass sie nicht mehr kommunizierte, sondern stattdessen einfach zubiss. Es waren viele kleine Schritte nötig, die Hündin wieder zur Kommunikation zu bewegen. Entscheidend war danach, dass die Besitzerin ihre Sprache lernen musste.“

Ich frage Cecilie, wie sie das hinbekommen hätte. Die Hundesprache sprechen wir so viel wie die der Orcas. Nämlich gar nicht.

Doch Cecilie lässt sich nicht irre machen. „Es war fast schon ein Durchbruch, als die Hündin ihr Verhalten unmerklich änderte und begann, vor dem Zubeißen ein Warnsignal zu geben. Wie tat sie das? Sie warnte, indem sie für den Bruchteil einer Sekunde die Pupillen verengte. Es war nur ein Wimpernschlag lang. Aber aus dieser „Warnung“ heraus ergab sich mein nächstes Ziel. Ich musste die Besitzerin dazu bringen, dieses Signal zu erkennen und richtig darauf zu reagieren.“

So viel habe ich also von Cecilie Clegg Littlers Methode verstanden: Beobachten. Auf jedes Detail achten. Und dann versuchen, Tier und Mensch in eine Kommunikation miteinander zu bringen. Aber so leicht geht das ja nicht. Ich bohre weiter und stelle ihr die Frage: „Wenn ein Hund zum dritten Mal die Lieblingsjacke seines Herrchens zerbeißt: Steckt da Spiel oder Aggression dahinter?“

Um das zu beantworten, erklärt sie mir zunächst einmal den Grundgedanken ihrer Trainings. Hunde spiegeln ihrer Erfahrung nach in ihrem Verhalten häufig die Probleme ihres Menschen wider. Oder andersherum: Zeig mir deinen Hund. Und ich zeige dir, welche Probleme du in deinem Sozialverhalten hast. Sie gibt ein Beispiel: Ein Mensch, der Probleme damit hat, in der Familie oder im Beruf anderen Grenzen zu setzen, wird mit hoher Wahrscheinlichkeit einen Hund haben, der ihm auf der Nase herumtanzt.

„Ein Hund, der sich nicht an Grenzen hält, ist ein Alptraum“, sagt sie. Und dann: „Ein Hund serviert dir brühwarm deine

Schwächen. Er zwingt dich, an deine Themen ranzugehen. Ein Hund nimmt an Verhalten an, was man zulässt. Er tut, wozu er Lust hat, und rennt genau zur Lücke, die er im Zaun wittert. Er sagt sich: ‚Da gibt's keine Grenze – warum sollte ich das also nicht tun?'"

Cecilie spricht über Hunde. Aber jedes Mal, wenn sie das Wort „Hund" in den Mund nimmt, versteht mein Gehirn „Orca". Tun Orcas etwas, weil sie wissen, dass ihnen niemand eine Grenze setzt? Zwingen sie uns damit, an all unsere Themen ranzugehen, die wir vor uns herschieben, an ihre Vergiftung mit PCB, an die Verschmutzung der Meere mit Plastik und Pestiziden, an all den Müll, den wir stillschweigend im Meer dulden?

Ein Hund mag im Gegensatz zu einem Orca ein domestiziertes Wesen sein und mit einem Tier in freier Wildbahn nur schwer zu vergleichen. Aber das tut dem Kern der Sache keinen Abbruch. Orcas verhalten sich so, weil sie es können. Weil es ihnen Spaß macht. Weil sie einen Weg gefunden haben, Wirkung zu erzielen, die ihnen so sehr gefällt, dass sie dieses Verhalten an andere weitergeben.

Ich bin in Gedanken immer noch bei dem Hund, der die Jacke seines Herrchens zerbeißt, und der Frage, ob das Spiel oder Aggression ist. Ich kann nicht anders, als weiterzubohren. „Weiß ein Orca … äh, ein Hund, was er in diesem Fall tut?"

„Ein gut erzogener Hund", sagt die Hundetrainerin bestimmt, „weiß genau, dass er beim Zerbeißen der Lieblingsjacke eine Grenze überschreitet. Ob Rache, Frustgefühle oder ob Aggression dahinterstecken, kann man nicht sagen. Doch der Hund weiß genau, dass er eine Grenze überschreitet – und tut es weiter. Ein schlecht erzogener Hund weiß es nicht. Er lernt es erst, wenn man ihm eine Grenze setzt und so ‚erklärt', dass er es verstehen kann. Wenn man klar mit ihm spricht."

Sie überlegt einen Moment, bevor sie meine Frage nach der zerbissenen Lieblingsjacke aufgreift und fortfährt: „Spiel bei

Hunden ist niemals: Ich mache etwas kaputt. Beschädigung ist nicht Spiel."

Ich verstehe von Hunden noch weniger als von Orcas. Ich denke an zerbissene Hundespielsachen. „Und was ist mit einem Hund, der sein Spielzeug zerbeißt?", frage ich.

„Manche Hunde haben an einem quietschenden Spielzeug solange Interesse, bis das Quietschgeräusch des Spielzeugs verstummt. Es ist für mich dann kein reines Spiel mehr, sondern ein jagdliches Verhalten. Das Zerlegen eines quietschenden Spielzeugs, bis es keinen Mucks mehr macht, ähnelt im Grunde dem Erlegen von etwas Lebendem. Das Interesse des Hundes erlischt, sobald die Beute erlegt ist."

Ich denke in diesem Moment an das Verhalten der Orcas vor Portugal. Das Ruder ist etwas, das in ihren Augen „lebt". Es ist wie ein quietschendes Hundespielzeug. Und wenn das Ruder nicht mehr lebt, weil es keinen Widerstand mehr leistet, dann ist der Job gemacht. Das Interesse schwindet.

Als hätte die Hundetrainerin meine Gedanken gelesen, fährt sie fort: „Die Orcas wissen, dass sie etwas zerstören", sagt sie, nachdem sie sich die Videos angesehen hat. „Es ist kein nettes Spiel. Wenn sie spielen, dann erkennt man das auch. Man spürt, ob etwas nett ist oder nicht. Bei den Orcas schwingt eine nicht so nette Energie mit. Ich bin überzeugt, sie wissen, was sie tun. Sie wissen, dass sie ein Boot lahmlegen. Das haben sie gelernt. Sie lesen uns. Und sie tun es wahrscheinlich auf eine intelligentere Art als Hunde, die ihre Lücke im Zaun erkennen."

Was meint Cecilie damit, frage ich mich am nächsten Tag. Damit meint sie zunächst, dass Orcas unsere Reaktion sehr genau wahrnehmen und aus unserem Verhalten buchstäblich Rückschlüsse daraus ziehen, wie sie sich weiter verhalten. Vielleicht ist weniger die wissenschaftliche Frage wichtig, WAS Orcas durch ihre bekanntermaßen schlechten Sehorgane vom Äußeren eines Menschen wahrnehmen. Es geht in Brandon Sails Beobachtung um das, was ein Tier am Menschen über dessen Absichten, dessen mögliche nächste Schritte in der Zukunft wahrnimmt, als ein Orca ihn im Sonnenuntergang im Auge behielt. Worauf die Hundetrainerin anspielt, ist nicht die Frage, ob der Orca die Farbe von Brandons T-Shirt an diesem Abend registrierte, sondern vielmehr das, was in Brandon vorging. Können Orcas nicht nur bei ihren Jagdstrategien zwischen Ursache und Wirkung unterscheiden, sondern zwischen ihrer Interaktion mit dem Ruder und der Wirkung, die sie damit bei den Besatzungen erzielen, ob Wut oder Angst oder Gelassenheit? Sind wir für sie berechenbar?

Vor allem aber beschäftigt mich, was die Hundetrainerin über ihre Methode sagte. Dass Hunde in ihrem Verhältnis häufig die Probleme ihres Menschen widerspiegeln. Reagieren Orcas gerade bei jenen Skippern aggressiv, die ihnen mit energischer Gegenwehr begegnen? Können wir ihre „Sprache", wie Cecilie Clegg Littler es nennt, richtig verstehen? Und vor allem: Gibt es jemanden, der versucht hat, mit Orcas zu kommunizieren?

Plötzlich fällt mir mein Telefonat mit einem brasilianischen Skipper wieder ein. Was er mir damals erzählt hat, bekommt plötzlich einen Sinn.

Kapitel 15.

Spiel.

Sonntag, 2. Oktober 2022.
10 Seemeilen westlich Sines, portugiesische Westküste, 16:20 Uhr.

Lange vor seiner ersten Begegnung hat Arthur Skipper über das Verhalten von Orcas nachgedacht. Hat mit Freunden diskutiert, ob das Sonar eines Schiffes der Auslöser sein könnte. Arthur glaubte fest daran, bis er selbst Orcas begegnet ist. Bis es zu jener nächtlichen Szene kam, bei der er begriff, dass es um etwas ganz anderes geht.

Arthur Skipper, wie er sich aufgrund seines Berufs nennt, kennt die Seerouten entlang der portugiesischen Küste wie seine Hosentasche. Er war oft genug dort unterwegs, er ist Profiskipper. Wenn eine Yacht von A nach B gebracht werden muss und deren Eigner verhindert ist, übernimmt das ein Profiskipper. Einer wie Arthur. Und die 24-stündige Seereise vom Algarve-Hafen Lagos im Süden Portugals nach Lissabon hat Arthur schon viele Male unternommen.

Als ich ihn wenige Tage nach seiner Orca-Begegnung telefonisch in seinem Zuhause in Lagos an der Algarve erreiche, ist es später Nachmittag. Er spricht mit langsamen, klaren Worten. Seine sonore Stimme mit dem weichen portugiesischen Akzent wirkt beruhigend, als er über die Ereignisse an jenem Tag berichtet, an dem er in Lagos die Leinen loswirft.

Um auszuruhen, hat er es sich kurz unter Deck auf dem Salonsofa bequem gemacht, als ihn gegen 16:20 Uhr ein Geräusch irritiert. Irgendetwas macht sich am Ruder der Yacht zu schaffen. „Schwertwale“, ist sein erster Gedanke.

Mit zwei Sätzen ist er im Cockpit, wo seine Mitseglerin am Ruder steht. Sie hat noch nicht begriffen, was vor sich geht, da hat Arthur Skipper mit einem kurzen Blick übers Heck den charakteristischen schwarzen Leib mit dem grauen Sattel hinter der Rückenflosse bereits ausgemacht. Noch während er Maschine und Autopilot abstellt und die Yacht an diesem windlosen Tag mit Restfahrt durchs Wasser gleitet, lassen drei heftige Rammstöße ins Ruder das Boot bis zur Mastspitze erzittern. Der Bug des Schiffes dreht sich um 180 Grad in die Gegenrichtung.

Dann liegt das Schiff wie verlassen in der See. Kleine Wellen platschen ans Heck. Geistesgegenwärtig zieht Arthur sein Smartphone aus der Jacke und filmt die nächsten 15 Minuten. Er hält fest, wie der Orca unter dem Heck das Ruder in Augenschein nimmt. Sich locker erst auf die linke, dann auf die rechte Seite rollt, als wäre noch nicht klar, wie dieses Ding diesmal genau funktioniert, das da unter dem Boot „lebt" und arbeitet, und von welcher Seite das Knabbern daran lustvoller wäre. Arthur Skipper diktiert jede Bewegung, jede Beobachtung laut ins Mikrofon des Smartphones, während er jedes Detail filmt.

Die zweite seiner Videosequenzen beginnt mit einem harten metallischen Geräusch. Die Kamera folgt dem Geräusch, hält auf die beiden Steuerräder der Yacht, die von links nach rechts wirbeln und hart anschlagen. Arthur beschreibt das Geschehen immer noch konzentriert. Die Worte „muito agressivo" fallen – „sehr aggressiv". Dann ist Arthurs Seufzer zu hören. Er weiß, was das harte metallische Geräusch bedeutet: dass der Orca durch heftiges Rütteln am Ruderblatt die Zahnräder, Ketten und Seilzüge des Steuers aufs Äußerste strapaziert und zu zerstören droht.

Minuten später diktiert er laut weiter, ich sehe, was mir von Videos anderer Augenzeugen vertraut ist. Ein nun wieder ruhig schnaubendes, wenig aggressives Tier, das hinter der Yacht langsam plantschend auftaucht. Luft holt. Dann bedächtig zum Ruder zurückkehrt, als würde es schnuppern. Wie es sich fast zärtlich auf die Seite legt, um anschließend kraftvoll am Ruder zu rütteln und oben das Ruderrad hin- und herfliegen zu lassen, als wolle es dem Skipper eine Nachricht schicken.

Arthurs Gesicht schiebt sich ins Bild. Er schneidet eine Grimasse, reißt in gespieltem Horror die Augen auf. Er nimmt das alles nicht ernst, sein Gesicht strahlt Mutwille aus, ja Belustigung angesichts der Gefahr, als würde da einer gleich mit dem Motorrad stürzen und danach lachend wieder aufstehen.

Während wir uns beide die Szene ansehen, er zuhause in Lagos und ich in Bayern, frage ich ihn, was er in diesen Minuten empfunden hat. Er denkt nach. Ein Hund bellt in seiner Wohnung und unterbricht das Schweigen. Dann sagt er: „Ich habe in diesem Moment das Ruder nicht angefasst. Auch wenn das Ruder immer wieder brutal anschlug und ich um die Mechanik fürchtete, war der Orca doch sanft mit dem Ruder. Er spielte, wie ein Hund mit einem Knochen spielt. Dann schloss er seinen Kiefer, aber ganz sanft, als wollte er kapieren, wie das Ruder funktioniert. … Sie wollten tatsächlich spielen.“

Ob er beobachten konnte, wie viele Schwertwale sich da an seinem Ruder zu schaffen machten? „Sie waren zu viert. Ich sah eine Mutter, ein Baby und zwei weitere Orcas.“

Das nächste Video zeigt wie zur Bestätigung ein großes Tier, das sich langsam dem Ruderblatt nähert, um es mit der Schnauze anzutippen, während es sich auf den Rücken dreht und mit dem Bauch nach oben am Ruder zu schnüffeln scheint. Wie es sich spielerisch weiterdreht, bis es wieder aufrecht schwimmt und weiter auf die Seite rollt, wie ein Kreisel sich um seine eigene Mitte dreht – das Ruder. Die Szene, die sich wiederholt, ist fast drollig anzusehen. Dann wendet sich das Tier gelangweilt ab, wie ein Kind, das eines Spielzeugs plötzlich überdrüssig ist. Arthur sendet ihm mutwillig einen scharfen Pfiff nach, während es kurz auftaucht und mit der Schwanzflosse verdrossen auf die Wasseroberfläche patscht, als wolle es den respektlosen Pfiff beantworten: „Hau bloß ab! Verschwinde!“ Dann dreht es ab.

Nach dieser Szene erklärt Arthur, wie er in diesem Augenblick versucht, mit den Tieren Kontakt aufzunehmen. Wie eine nonverbale Kommunikation beginnt zwischen ihm und den Orcas, indem er zunächst kurz das Ruder festhält, um zu sehen, wie sie auf die Blockade reagieren. „Sie fühlen, wenn du das Ruder festhältst. Sie spüren es. Sie reagieren dann stärker darauf und sind aggressiver. Nach einer Weile spürte ich wieder: Sie spielen. Es ist ein Spiel. Eines, in dem SIE die Kontrolle haben wollen. Sie wollen der Herr des Spiels sein. Wenn du nicht mitmachst, interagieren sie stärker, als wollten sie sagen: ‚Mach gefälligst, was wir wollen!'"

Nachdem Arthur die Sache mit dem Ruder ausprobiert hat, pfeift er ihnen zu. Wie er zuvor laut ins Smartphone diktiert hat, spricht er jetzt einfach weiter, aber zu den Orcas. „‚Ihr könnt spielen. Ich hab nichts dagegen. Aber wenn ihr mir das Ruder zerbrecht, dann macht ihr mir damit keine Freude.' Ich bin freundlich zu ihnen. Ich sage Dinge wie: ‚Habt Spaß!' Ich kommuniziere mit ihnen weiter über das Steuerrad. Mal halte ich es schwächer. Mal fester, darauf antworten sie augenblicklich energischer und lassen es kraftvoll an den Anschlag klirren."

Etwa eine Seemeile entfernt beobachtet Arthur ein Boot, er geht unter Deck, setzt sich ans Funkgerät, um es mit einem ‚All Ships! All Ships!'-Rundruf zu warnen. Als er wieder an Deck kommt, sind die Orcas fort.

Ohne Zögern startet Arthur Skipper die Maschine und steuert rückwärts auf den Hafen von Sines zu. Es ist keine gute Idee. Sechs Minuten später trifft erneut ein harter Stoß das Ruderblatt. Arthur lässt jetzt Maschine und Elektronik weiterlaufen, stoppt aber das Boot, um eine Reaktion der Orcas zu provozieren. Nach wenigen Minuten bricht die Interaktion ab. Diesmal ist er vorsichtiger und wartet, bevor er den Gang einlegt und weiter nach Sines läuft.

An der Pier in Sines überprüft er per Unterwasserkamera das Ruderblatt. Es ist intakt und unbeschädigt, sodass er beschließt, noch in der Dunkelheit in Sines wieder abzulegen, um seine Yacht pünktlich in Lissabon dem Eigner zu übergeben.

Zurück auf See begleitet ihn zunächst ein Katamaran, der nach einer Stunde aus heiterem Himmel wirre Kreise auf dem Wasser dreht. Noch bevor Arthur den Blas der Orcas, ihre meterhohe Atemwolke, neben dem Katamaran entdeckt, weiß er, dass er in diesem Moment nichts tun kann, um dem Katamaran zu helfen. Ihm bleibt nur, Gas zu geben, um schnell von der Stelle wegzukommen. Arthur rauscht mit der rechnerisch maximalen Rumpfgeschwindigkeit von 7 Knoten durchs Wasser, er weiß, es ist ein schwacher Versuch, wo Orcas doch aufs Vierfache dieser Geschwindigkeit beschleunigen und damit selbst größte Frachter hinter sich lassen. Doch er hat Glück. Vorerst.

Er ist nur noch vier Stunden von Lissabon entfernt, als er im Heck erneut einen Orca ausmacht. Im fahlen Licht des Mondes erkennt er deutlich das halbwüchsige Tier, das näherschwimmt und das Ruder rammt. Der Stoß ist stärker als beim ersten Mal. Arthur hat den Eindruck, der Orca weiß genau, dass der Skipper auf der Flucht vor ihm ist. Er ist allein, schlägt erneut mit der Fluke flach aufs Wasser. „Verschwinde endlich!"

Um sein Boot aus der Klemme zu befreien, startet Arthur ein neues Experiment. Er lässt das Boot langsam rückwärts laufen. Wieder schlägt der Orca mit der Fluke aufs Wasser. „Ich beobachte ihn dabei, wie er mich beobachtet", berichtet Arthur, „sein Blas ist jetzt energisch. Ich spreche ihn an. Ich spiele mit ihm und bitte ihn erneut ‚Hey, mach jetzt bloß keinen Blödsinn! Mach auf keinen Fall mein Ruder kaputt. Du kannst gerne hier spielen. Aber mein Ruder demolieren geht gar nicht.'"

Als ich Arthurs Videosequenzen wieder und wieder abspule, wünschte ich, ich könnte verstehen, was Arthur in jenen Momenten genau zu dem Orca sagt. Aber vielleicht ist der Inhalt seiner Kommunikation gar nicht wichtig. Was er sagt, ist in diesem Fall unwichtiger, als „wie" er es sagt. Entscheidender scheint zu sein, welche Art von Energie er dem Tier zeigt, ob

Aggression oder Nachgiebigkeit. Ob Wut oder Verständnis. Der brasilianische Skipper spricht mit den Tieren, als wäre er ein Dompteur in Segeljacke und greller Stirnlampe auf der weißen Wollmütze, der am Steuerrad steht und es mal nachgiebiger, mal fester in der Hand hält. Seine Worte kommen beruhigend wie die eines Pferdeflüsterers. Oder die einer professionellen Hundetrainerin wie Cecilie.

Aus welchem Grund auch immer, der Orca agiert sichtlich entspannter. Ob es Arthurs ruhiges Sprechen ist oder die wechselnde Energie, mit der er über das Steuer mit dem Orca interagiert, kann man nicht ausmachen. Die nächtlichen Aufnahmen zeigen den Skipper, der vollkommen ruhig spricht. Der sieht, wie der Atem des Tieres sich beruhigt und sich nicht mehr ganz so explosionsartig in die Nachtluft entlädt. Der Orca schwimmt noch ein paar Mal hinter dem Boot hin und her, dann überlässt er es seinem Schicksal und taucht hinunter in die mondbeschienene See.

Arthur hat bei den Interaktionen offensichtlich etwas richtig gemacht. Die beiden Ruder der Yacht sind ohne einen Kratzer, allerdings ist die Steuermechanik zerstört. Er erreicht sein Ziel Lissabon verspätet, doch aus eigener Kraft mit Notpinne, die den Defekt überbrückt.

Wieder dringt Gebell aus der Leitung. Ob das sein Hund sei, frage ich Arthur. Ob er sich mit Hunden auskenne?

Arthur Skipper schweigt einen Moment. Und während der Hund im Hausflur weiter bellt, erzählt er: „Ich hatte schon als Kind einen Hund. Hunde begleiteten mich immer, und später waren es zwei Pitbulls, die ich allein erzogen habe. Zunächst fürchteten sich meine Nachbarn in Rio de Janeiro vor meinen Pitbulls, aber die beiden waren so freundlich, dass die Nachbarn nach und nach ihre Furcht ablegten."

Kann man Orca- und Pitbull-Verhalten miteinander vergleichen? Ich frage Arthur, ob sein Umgang mit den Schwertwalen, wie er mit ihnen sprach und kommunizierte, irgendwie vergleichbar sei mit dem Training der beiden Pitbulls. Wieder denkt Arthur lange nach, bevor er antwortet: „Bei einem Hund muss immer klar sein, dass ich der Boss bin. Im Alltag darf ein Hund niemals der Boss sein. Im Spiel darf er diese Rolle übernehmen, aber es muss klar sein, dass es nur ein Spiel ist. Im Spiel konnte ich mich sogar unter meine Pitbulls legen, spielerisch meine Unterwerfung zeigen, ohne dass sie mir etwas taten."

Er kommt nun auf die Orcas zu sprechen. „Ich konnte Orcas schon früher beobachten. Ich habe mich lange genug mit ihnen beschäftigt, um zu wissen, dass sie immer mit irgendetwas herumspielen. Mit Bojen. Mit Beute. Sie spielen die ganze Zeit. Und sie spielen einfach gerne mit Booten. Aber dass sie die Ruderblätter zertrümmern, das ist verstörend. Das haben sie allerdings in meinem Fall nicht gemacht."

Arthur Skipper sucht wie ich nach Erklärungen und Ursachen. Macht es die Orcas erst richtig wütend, wenn sie Gegenwehr spüren? Werden sie erst aggressiv, sobald ihr Spielzeug nicht so funktioniert, wie sie es wollen? Dass sie aggressiv werden, sobald sie nicht die Herren sind bei diesem Spiel und es nicht kontrollieren?

Was würde er anderen Skippern in derselben Lage empfehlen? „Tue nichts. Fass nichts an. Leiste keinen Widerstand, wenn sie mit dem Ruder spielen. Nur wenn sie zu hart spielen, halte das Ruder kurz fest." Dann sagt er fast eindringlich:

„Sprich mit ihnen.
Lass sie einfach spielen.
Du kannst mit ihnen sprechen."

Nach der Erzählung des brasilianischen Skippers bin ich verblüfft. An Arthurs Verhalten hat irgendetwas funktioniert. Es erscheint mir wie ein allererster winziger Schritt. Vielleicht ist Arthur bei dem Orca das gelungen, was Cecilie bei der bissigen Schäferhündin gelang: jenen allerersten winzigen Schritt zu schaffen, um über Kommunikation das Verhalten zu beeinflussen.

Wenn es tatsächlich so war: Wie ist das genau abgelaufen? Arthur hat Tiere trainiert, große und schwierige Rassen, und offensichtlich erfolgreich. Aus dieser Vertrautheit mit großen Tieren gelingt es ihm, die Rüpelei der Orcas als reines Spiel wahrzunehmen, was immer es in Wirklichkeit auch sei. Und weil er es arglos als Spiel zu sehen vermag, schafft er es, sich in das Spiel einzuklinken und auf seine Art Kontakt zu den Tieren aufzunehmen, ohne sie zu irritieren.

Es spielt in dieser Gedankenkette auch keine Rolle, ob das Verhalten der Orcas letztlich ein Spiel ist oder Aggression oder beides. Mit großer Wahrscheinlichkeit mischt sich beides bei den Orca-Interaktionen. Mal ist eine Interaktion aggressiv, mal spielerisch, mal beides. Mal zunächst aggressiv und später spielerisch.

Wie so oft in der Arbeit unseres Gehirns braucht es gelegentlich unrichtige Hypothesen, um zu einem richtigen Ergebnis zu gelangen. Ob man die Interaktionen als harmlos oder aggressiv einstuft, ist nicht von Bedeutung. Was zählt, ist, ob die jeweilige Einschätzung hilft, Boot und Orca heil durch die Situation zu bringen. Arthurs anfechtbare Annahme, dass alles ein Spiel ist, hat ihm letztlich die Brücke gebaut, über die er es geschafft hat, die Tiere zu erreichen.

Nicht jeder Skipper kann wie Arthur auf eine lebenslange Erfahrung mit Schäferhunden, Pitbulls oder Pferden zurückblicken, um jeder Schwertwal-Interaktion auf der „Orca Alley“ gelassen entgegenzusehen. Das Rezept, mit dem Arthur die Tiere erreicht hat, können nur die Wenigsten nachmachen. Doch Menschen mit großen Tieren in ihrem Lebenslauf fällt es zumindest nach den vorliegenden Berichten leichter, das Orca-Rowdytum als harmlos einzuordnen und die Aggression leichter zu akzeptieren, als Menschen, denen jegliche Erfahrung mit Großtieren fehlt.

Plötzlich fällt mir aus einem meiner Telefonate eine Bemerkung ein. Es war eine Anmerkung von Franklin Seal. Er administriert die nach Zahlen größte Internetplattform über das Thema Orcas und hat eine Erklärung für das Großtierphänomen.

„Ich hatte mal Pferde. Ich liebte sie. Ich kümmerte mich um sie. Aber wenn du dich mit Tieren abgibst, die größer sind als du, dann musst du eines wissen: Sie sind immer kräftiger als du. Sie können mal eben einen Zaun niederreißen. Können eine Stalltür eintreten. Können alle Arten von Infrastruktur zerstören. Ein Pferdeliebhaber würde das niemals als Aggressivität bezeichnen. Sobald du mit größeren Tieren zu tun hast, musst du verstehen, sie sind einfach kräftiger. Doch dahinter muss sich nicht unbedingt das verbergen, was wir zwangsläufig unter Aggression verstehen. Es kann auch genauso gut ein Gefühl der Angst sein. Oder Frustration. ‚Attacke' ist ein sehr menschlicher Begriff, bei dem wir begreifen müssen, dass er am Kern dessen, was die Orcas da tun und warum sie es tun, nicht immer, aber häufig vorbeigeht."

Es ist merkwürdig. Zwei Menschen, beide Skipper, gehen in ihrem Leben ein ausgeprägtes Verhältnis zu Tieren ein. Der eine zu Großtieren wie Pferden, der andere zu einer Hunderasse, die die meisten als Gefahr betrachten. Würde jeder, der sein Leben mit Pferden, Pitbulls oder Seelöwen teilt, eine Begegnung mit Orcas als Spiel wahrnehmen? Als spielerisch, selbst wenn es aggressive Züge annimmt? Die Menschen in den heutigen Industrienationen waren noch vor 100 Jahren zum großen Teil Farmer, Bauern, Knechte und Mägde, die von Kindesbeinen an mit Großtieren vertraut waren. Wäre es ihnen aufgrund ihres lebenslangen Umgangs in der Mehrzahl intuitiv leichter gefallen, mit Ruderattacken zurechtzukommen als den meisten von uns, die wir den Großteil unseres Lebens in Büros an Schreibtischen verbringen und noch nie einen Kuhstall von innen gesehen haben?

So sehr das Rätsel der Orcas ihr Geheimnis ist und bleibt, so sehr wirft es mich auch immer wieder zurück auf uns und unsere Lebensart. Zu unserer Entfremdung gegenüber der uns umgebenden Umwelt. Zu unserer Erwartung, dass alles, was um uns herum ist, unserem Freizeitverhalten untertan zu sein hat. Dass wir das Meer, die unerforschten Ozeane, als endlose Projektionsfläche für unsere Wünsche und Träume betrachten, es als unseren Spielplatz, unseren Freizeitpark sehen, der sich in allem gefügig und nach unseren Wünschen zu verhalten hat.

Als Segler sollten wir es besser wissen. Schließlich erinnert uns jeder noch so kurze Spaßtörn auf der Ostsee oder in Kroatien regelmäßig daran, unsere elementaren Abhängigkeiten vom Wetter, von den Gestirnen, von den Gezeiten, von unserem Boot zu respektieren. Doch nach dem Urlaub verblasst die Erinnerung an unsere Abhängigkeit von Umwelt, Gezeiten und Klimaveränderungen. Wir sind wie Schwererziehbare, die nicht hören wollen.

Vielleicht brauchen wir jetzt gerade die Orcas, dass sie uns wachrütteln, was ihren bedrohten Lebensraum angeht, der weniger sie, sondern in allererster Linie uns betrifft. Mir fällt wieder ein, was Jörn Selling mir mit auf den Weg gab: „Vielleicht bezahlt ihr mit euren Segelbooten für das, was andere den Orcas angetan haben. Mir tut es leid für die Segler. Aber vielleicht sind sie ja die besseren Botschafter, die zu einer positiven Veränderung führen."

Und noch etwas lerne ich aus Arthur Skippers Geschichte. Cecilie Clegg Littler, die Hundetrainerin und Behavioristin, weist mich darauf hin, dass erfahrene Hundebesitzer mit ihrer Annahme eines „Spiels" ganz eigenen Irrtümern aufsitzen: „Menschen mit großen und mühsamen Hunderassen sind in ihrer Einschätzung gegenüber Hunden weit toleranter, ja manchmal sogar abgestumpft, was Rempeleien angeht. Ein rauerer Umgang gehört für sie zu ihrem Leben mit diesen Tieren. Große Tiere sind oft rüpeliger mit uns, vor allem große Hunde. Das Leben mit großen, mühsamen Hunderassen macht Menschen gegenüber solchem Verhalten nachgiebiger."

Dann mahnt sie: „Gelegentlich verlieren auch Besitzer großer Hunde den Blick für die Probleme ihres Hundes. Rempeln mag zum persönlichen Umgang zwischen Herrn und Hund gehören, aber letztlich ist auch das ein Verhalten, das ein Hund ‚sich genommen' hat. Tiere sind im Allgemeinen ausgesprochen achtsam, wo sie ihre Füße hinsetzen, selbst ein 65 Kilogramm schwerer Hund ist im wilden Spiel vorsichtig und rempelt keinen Baum an. Unser Fehler ist, dass wir bei großen Hunden schlechtes Benehmen oft tolerieren unter dem Deckmantel, es sei ja nur ein Spiel."

Über die Beobachtung der Hundetrainerin muss ich zweimal nachdenken, bevor mir klar wird, worauf es hinausläuft: Weil manche Menschen mit dem rüpeligen Verhalten ihres großen Hundes besser umgehen können, landen sie schnell bei der Hypothese „Spiel", was sie die Übergriffigkeit ihrer Hunde mit Nachsicht betrachten lässt. Doch aus dieser Nachsicht heraus tun sie das Richtige. Sie vermeiden Aggression in der Gegenwehr. Und bleiben in der Kommunikation mit ihren Tieren, um dadurch ihr Verhalten zu beeinflussen.

Ist also Stillhalten besser als Gegenwehr? In den Berichten von fast 20 Augenzeugen haben wir gesehen: Stillhalten ist keine Garantie für unbeschädigte Ruder. Es hält in weniger als 50 Prozent der Fälle die Orcas von einem Ruder ab. Doch aktive Gegenwehr der Skipper scheint im Augenblick eher die Aggression der Schwertwale zu steigern.

Und zu guter Letzt: Wenn wir wirklich unterstellen, das Treiben der Orcas sei bloß ein Spiel – welche Bedeutung besitzt darin die Aggression? Das Thema ist noch nicht vom Tisch. Gibt es bei Tieren ein Verhalten, bei dem Spiel und Aggression sich zu einem höheren Zweck verbinden? Das folgende Kapitel liefert eine Antwort.

Kapitel 16.

Katz und Maus.

Freitag, 22. April 2022.
Straße von Gibraltar, 15 Seemeilen vor Tanger, 04:00 morgens.

Zoé Barlow ist eine präzise Beobachterin, und sie verliert diese Gabe auch in Momenten der Angst nicht. Sie erinnert sich noch genau an den unheimlichen Knall am frühen Morgen, der sie in ihrer Koje brutal aus dem Schlaf riss. Und daran, dass der Knall von einem Schlag aufs Ruder herrührte, als hätte das Boot etwas gerammt.

Zoé Barlow schaut sich einen Moment lang desorientiert in ihrer Koje um. Sie hat Angst. Es ist noch dunkel in dieser mondlosen Nacht. Sie ruft zu ihrem Mann Martin hinauf, der am Ruder steht: „Sind sie es?“ Er antwortet nur knapp: „Ruf die Küstenwache.“ Dann trifft sie der nächste Schlag.

Sie sind im Vorjahr von England aufgebrochen Richtung Süden. Ihr Ziel ist das Mittelmeer. Schon damals hörten sie im portugiesischen Hafen Cascais von beschädigten Booten westlich der Tejo-Mündung. Eigentlich rechnen sie auf ihrer Reise nach Süden ständig mit Orcas, aber nichts geschieht. Bis zu diesem lauten Knall in der Straße von Gibraltar.

Zoe Barlow geht ans Funkgerät und versucht, die Küstenwache zu erreichen. Erfolglos. Um ihrem Mann beizustehen, klettert sie an Deck und hilft ihm beim Segelbergen, während er das Boot stoppt. Sie ist sich in diesem Moment sicher, dass ihr Boot den unheimlichen Stößen auf Dauer nicht standhalten kann. Dass ihr Schiff, immerhin eine solide 13-Meter-Yacht, sinken wird. Sie und ihr Mann fühlen sich wehrlos gegen die

Orcas, die sie in der Dunkelheit nicht sehen, nur erahnen können. Wehrlos und verletzlich.

Weitere Stöße treffen Ruder und Rumpf. Martin beschließt, sich zu wehren. Viel ist es nicht, was ihm zu tun bleibt. Er startet den Motor und legt den Rückwärtsgang ein, um die Orcas vom Ruder abzuhalten. Er beginnt, das Boot rückwärts im Kreis zu steuern. Er hat gelesen, es würde manchmal helfen, den Tieren die Annäherung an das Ruder durch die Nähe des drehenden Propellers zu verleiden. Während Martin Kreise dreht, versucht Zoé unter Deck, die spanische oder marokkanische Küstenwache zu erreichen. Erst ohne Erfolg. Doch dann meldet sich die spanische *Tarifa Maritime Traffic Control*, die über Radar den dichten Schiffsverkehr in der Wasserstraße überwacht und per Funk koordiniert.

Kurz darauf herrscht Ruhe. Nach etwa 20 Minuten ist das Zusammentreffen so plötzlich vorüber, wie es begonnen hat. Die beiden an Bord warten ab, erleichtert, dass die unheimliche Gewalt aus der Dunkelheit ein Ende hat. Als sie nach einer Weile ihre Fahrt mit Ziel Tanger fortsetzen, sind sie sich nie sicher, ob ihnen nicht im Wasser Schatten durch die Nacht folgen.

Gegen 10 Uhr am Vormittag herrscht vollkommene Windstille und Sonnenschein. Sie laufen unter Maschine, als aus heiterem Himmel erneut ein harter Aufprall das Ruder trifft. Ob es dieselben drei Orcas sind wie in der Nacht?

Weitere Schläge folgen. Martin fährt wieder rückwärts. Aber diesmal bringt das Manöver nichts. Die Orcas drücken mit ihren Körpern gegen den Bug, den vorderen Teil des Bootes, und beginnen, das Boot im Kreis zu drehen. Sie attackieren das Ruder nun auch während der Rückwärtsfahrt. Martin beschließt nach einer Viertelstunde, die Rückwärts-Taktik aufzugeben und von jetzt an still abzuwarten und das Geschehen zu filmen.

Das erste seiner Videos, die er mir sendet, zeigt das Heck des still in der See schaukelnden Bootes.

Die Kamera hält einen Orca fest, der nahe Martin energisch am Heck ausatmet, als wäre er erregt. Dann langsam abtaucht und vorsichtig nach dem Ruder tastet. Man hört Martins Stimme, der wehrlos zusehen muss, was da unter ihnen vorgeht, und leise flucht: „You bloody son of a …“ Dann stoppt die Aufnahme.

Die nächste Sequenz ist nicht lang, sie dauert nur wenige Sekunden: Sie zeigt ein großes Bruchstück des Ruders, das geborsten an der Wasseroberfläche treibt. Zoé erzählt, was das Video nicht festhält. „Einer der Orcas kam hoch und zeigte uns ein Teil des Ruderblatts. Fast so, als wollte er Applaus dafür, dass er nun ein Drittel unseres Ruders zertrümmert hatte. Er spielte vor unseren Augen mit dem Bruchstück. Wenn ich jetzt darüber nachdenke, erscheint es mir fast wie das Verhalten einer Katze, wenn sie eine Maus gefangen hat. Sie schleppt sie zu „ihren“ Menschen oder zu ihren Jungen und beginnt, vor deren Augen ihr Opfer totzuspielen. Sie spielt so lange mit ihrer Beute, bis diese tot ist. Das Abbeißen des Ruders und was danach folgte, kam mir vor wie Spiel und Training zugleich. Wie Katz und Maus.“

Als die Orcas nach drei Stunden endlich von ihnen ablassen, schaffen Zoé und Martin es aus eigener Kraft bis vor den Hafen von Tanger, wo ein Boot sie in den Hafen schleppt. Später werden sie einen höheren vierstelligen Betrag für die Reparatur aus eigener Tasche bezahlen – wie viele der Befragten, weil sie gegen solche Schäden nicht versichert sind.

An eines erinnern sie sich noch deutlich, nachdem sie in Tanger festgemacht haben: an die Yacht hinter ihnen, die, kaum dass die Orcas weg sind, mitten in der Wasserstraße plötzlich wirre Kreise fährt.

Vielleicht hat Zoé Barlow es richtig beobachtet. Katz und Maus, das Bild vom Totspielen einer Beute, das vor Publikum stattfindet, erscheint mir am Ende als schlüssigste aller Theorien, die Spiel und Aggression, Training und Rowdytum der Orcas am ehesten miteinander verbindet.

Aber warum werden ausgerechnet Segelyachten bis 15 Meter Länge zur „Maus“ in diesem Spiel? Der Naturforscher Jörn Selling hat darauf eine simple Antwort: „Nirgends als an einer Yacht lässt sich das Abbeißen der Flossen von Beutetieren gefahrloser trainieren“, sagt er. „Da eine Orca-Kuh bei jeder Geburt nur ein einziges Kalb zur Welt bringt, achten Orca-Mütter beim Training ihres Kalbs darauf, den Unterricht möglichst risikofrei zu gestalten. Sie würden niemals ein Kalb an der Jagd auf einen großen Wal beteiligen.“

Zu den wichtigen beobachteten Übereinstimmungen gehört, dass bei den meisten der in diesem Buch beschriebenen Vorfälle fast immer Jungtiere oder Babys beteiligt waren. In 50 Prozent aller Augenzeugenberichte wurden Jungtiere beobachtet.

Nicht nur im Kapitel „Mode“ haben wir gesehen, wie wichtig Spiel und Training im Leben der Orcas sind und wie sie zusammengehören. Selbst das Balancieren eines Fisches auf dem Kopf ist Spiel, das dem Training und Lernen dient, so extrovertiert wir auch ein derartiges Verhalten wahrnehmen.

Ich frage Christophe Guinet, den französischen Forscher, der ein halbes Jahr lang Orcas auf der verlassenen Insel Crozet im Südpazifik beobachten konnte, nach dem Sinn des Spiels bei Orcas. Er weist mehrmals auf die enge Verbindung von Spaß und Nutzen beim Spielen hin: „Diese Tiere verbringen viel Zeit damit zu spielen. Sie trainieren und entwickeln ihre physischen Fähigkeiten dabei weiter. Spiel und Training sind also zwei Seiten derselben Medaille. Etwas zu trainieren bedeutet, Erfolg bei der Jagd zu haben – und zu überleben.

Orcas sehen das Ruder-Rowdytum offenbar auch als pures Vergnügen. Gerade bei den Aktionen mit Segelyachten erleben wir ein besonderes Verhalten, ohne dass es irgendeinen speziellen Nutzen für die Schwertwale hätte. Spaß ist ein großer Teil der ganzen Geschichte. Und schließlich: Es könnte ja auch irgendwann für sie nützlich sein, ein großes Tier zu schubsen. Wobei sie bei einer Segelyacht ja ganz genau wissen, dass sie weder ein großes Tier noch irgendein Futter darstellt."

Auch Verena Platt-Till von der *Deutschen Gesellschaft zur Rettung der Delphine* ist sich in diesem Punkt sicher. Was hinter den spielerischen Attacken auf die Ruder steckt, „ist das Trainieren von Jagdverhalten: Sie wollen das lernen. Sie erkennen das Ruder, wissen, was es kann und was es nicht kann. Es fällt mir schwer, an Rache als Motiv für ihr Verhalten zu glauben. Ich denke eher, es ist ein Jagdverhalten, das sie weitergeben wollen. Für Jagdstrategien ist es auch charakteristisch, dass sie weitergegeben werden."

Und wie sieht die Zukunft aus? Werden die Zahlen der Interaktionen steigen? Verena Platt-Till ist nicht allein mit ihrer Einschätzung, dass das Verhalten der bislang beteiligten 16 Orcas weitergegeben wird. Jeder der für dieses Buch befragten Forscher und Cetaceen-Experten geht davon aus, dass die Interaktionen mit Booten an der westeuropäischen Atlantikküste mit großer Wahrscheinlichkeit mehr werden. Christophe Guinet begründet ausführlich, warum: „Orcas sind immer am Lernen. Sind immer am Ausprobieren. Und jetzt gerade probieren sie etwas Neues aus. Vielleicht entsteht daraus eine neue Tradition, das kann zu einer Sache werden, wo Jüngere von Älteren lernen. Eine Familie lernt von der anderen. Sie imitieren und lernen dadurch neue Verhaltensweisen und erweitern ihr Repertoire.

Man muss sich das so vorstellen: Ältere zeigen Jüngeren etwas. Ältere trainieren die Jüngeren. Mütter, aber auch erfahrenere Gruppenmitglieder trainieren das Kontrollieren der Boote. Es verteilt sich innerhalb einer schmalen Population. Über die Zeit kann das zu einer neuen Kultur der Orcas werden." Und weiter: „Es ist sehr wahrscheinlich, dass es sich weiter verbreitet", sagt Christophe Guinet. Er denkt aber, dass „es nach ein paar Jahren verschwinden wird. Es macht ihnen Spaß. Aber letztlich ziehen sie keinen energetischen Nutzen daraus."

Auch entschlossene Tierschützer wie Alfredo López von *Grupo Trabajo Orca Iberica*, der Forschungsgruppe rund um die iberischen Orcas, räumen in ihren jüngsten Aussagen indirekt ein, dass das Verhalten erst auf längere Sicht „tendenziell aussterben dürfte, wenn die Orcas andere Rollen übernehmen, als sie es derzeit tun, da die meisten von ihnen Jungtiere sind".

Die Zeit wird's heilen, heißt es, denn die Lebenszyklen der Orcas sind mit denen eines Menschen vergleichbar. Wenn wir es augenblicklich mit Jungtieren zu tun haben, dann wird das Verhalten erst in einem späteren Lebensabschnitt verschwinden, wenn die heute elfjährigen Tiere erwachsen sind.

Aber selbst das ist nicht sicher, wenn der Bericht von Guilherme Estrela von AIMM nahelegt, dass erwachsene Orcas längst das Verhalten übernommen haben und an den Interaktionen beteiligt sind und eben nicht nur juvenile Tiere.

Im Gegensatz zu den zitierten Forschern ist Alfredo López von der Forschungsgruppe *Orca Iberica* überzeugt, dass eine Weitergabe des Verhaltens nur bedingt möglich ist. Seine Einschätzung: „Es gibt wenigstens 16 Orcas, die mit Booten interagieren und die zu verschiedenen Gruppen derselben Unterpopulation gehören. Viele von ihnen sind Jungtiere und es ist ‚unwahrscheinlich', wenn auch nicht ‚unmöglich', dass ihr Verhalten auf andere Orca-Gruppen übergreifen könnte", so López in einem Artikel aus der Segelzeitschrift *Yachting Monthly*.

Und ich? Nach allem, was ich bis hierher in Erfahrung bringen konnte, folge ich eher Fabian Ritter: „Zuerst ist es Trend. Aus dem Trend wird Mode. Aus der Mode wird Tradition. Und aus der Tradition Kultur." Bei Orcas ist vieles möglich.

Kapitel 17.

Gegenwehr.

Zu meinen Learnings aus diesem Buch gehört auch, dass es aktuell kein zuverlässiges Rezept zur Gegenwehr bei den „Interaktionen" genannten Begegnungen mit Orcas gibt. Selbst Forscher wie Renaud de Stephanis bestätigen, dass es keine technische Möglichkeit gibt, das Verhalten von Orcas zuverlässig oder gar nachhaltig zu beeinflussen: „Die Fischer haben das Problem seit 1996. Jahr für Jahr erleiden sie Schäden in Millionenhöhe, wenn sie statt eines erhofften Thunfischs nur die Fetzen eines Kadavers an Bord ziehen. Was die Fischer angeht: Dort spielen die Orcas nicht, dort jagen sie tatsächlich. Wir haben ALLES versucht – und nichts hat verlässlich funktioniert."

Geforscht wird in vielen Bereichen. Wie Renaud de Stephanis berichtet, unterstützt die spanische Regierung seine Arbeit mit Yachten, Drohnen und weiterem Equipment. Es liegt bereit im Hafen, um die Motivation der Orcas von Grund auf zu erforschen. „Die Behörden starteten zwei Projekte, wir starten jetzt ein weiteres", sagt de Stephanis. „Während des Winters wollen wir sechs ‚Satellite Tags', Satellitensender, ausbringen, mit denen man Orcas auch auf normalen Systemen orten kann, und weitere sechs Experimente machen, um Maßnahmen auszuprobieren, die die Interaktionen unterbinden. Wir werden alles testen, von der Abschreckung durch Pinger, durch Sand, Markierungen. Wir werden den Orcas auch mit Drohnenkameras in der Luft folgen, werden ihre Körperdaten messen, um herauszubekommen, was in ihnen während unserer Experimente vor sich geht."

Ich wünsche Renaud de Stephanis unbedingt, dass er Erfolg hat. Viele technische Lösungen unterliegen eigenen Schwierigkeiten. Die Dauerhaftung von GPS-Sendern auf Delphin- und Orca-Haut gehört dazu. Wir beneiden Delphine um ihre stets weiche, makellos glänzende Haut. Die Evolution hat deren Oberfläche mit der Fähigkeit ausgestattet, sich in kürzester Zeit abzustoßen und zu erneuern, um ihre Reibungsverluste im Wasser möglichst gering zu halten.

Manche Delphinarten erneuern ihre Haut etwa zwölf Mal am Tag, also alle zwei Stunden. Ihre Haut erlaubt eine unglaublich schnelle Wundheilung. Bei den verwandten Orcas dauert die Hauterneuerung, soweit man weiß, etwa einen Tag, sodass ein aufgeklebter Gegenstand nach kurzer Zeit abfällt.

Zudem sind Orcas schnell unterwegs, sie legen innerhalb von 24 Stunden durchschnittlich 70 Kilometer zurück und wenn es sein muss, auch 150 Kilometer oder mehr. Eine Meldung über einen Standort außerhalb der Reichweite von Schiffen kann innerhalb Stunden ein Trugschluss sein, wenn die Tiere ihren Standort verlegen. In mindestens zwei Berichten erschienen sie auch in Begleitung eines Rettungsbootes – ein Hinweis, dass sie ihre Position auch verändern und vielleicht sogar Rettungsbooten auf ihren Einsätzen folgen.

Künstliche Intelligenz zur Identifizierung von Orcas in der Nähe von Fahrzeugen setzen wiederum kanadische Forscher ein. Seit 2020 laufen Versuche an der vielbefahrenen Küste Vancouvers, um Kollisionen von Großschifffahrt mit Orcas zu vermeiden. Garantiert sichere Optionen, um einer Begegnung entlang der „Orca Alley" mit Orcas zu vermeiden, gibt es derzeit nur zwei. John Burbeck von der *Cruising Association*, der größten britischen Organisation für die Freizeitschifffahrt, schlägt vor, die westeuropäische Küste in der orcafreien Saison zwischen Mitte Dezember und Ende Februar zu befahren, wenn die Orcas tatsächlich verschwunden sind.

Eine zweite Möglichkeit ist die Wahl einer Alternativroute, um unliebsame Begegnungen zu vermeiden. Es gibt eine Route von den nördlichen Meeren ins westliche Mittelmeer, doch sie hat ihre Schwierigkeiten. Eine Reise von der Ostsee bis ins Mittelmeer ist auf dieser Route ausschließlich auf Kanälen möglich, sie führt von Lübeck aus über Binnenwasserstraßen bis Rhein und Maas durch Belgien und Holland nach Frankreich bis zur Rhonemündung bei Marseille. Ihr Nachteil: Die Kanaltour ist nur für Schiffe bis 1,60 Meter Tiefgang und nur mit gelegtem Mast befahrbar. Auf der sechswöchigen Kanalfahrt über die Vogesen sind 340 Höhenmeter mithilfe von 250 Schleusentoren zu überwinden.

Die Route übers Schwarze Meer ins östliche Mittelmeer ist mit größerem Tiefgang machbar, allerdings nur mit einer starken Maschine, um gegen die Strömung des Rheins flussaufwärts anzukommen. Sie führt aktuell bis auf 80 Kilometer an das Kriegsgebiet in der Ukraine heran.

Wer die „Orca Alley“ von Südengland bis Gibraltar weiterhin bevorzugt, hat dennoch große Chancen, unbehelligt das Mittelmeer zu erreichen. Wie in Kapitel 5 „Unterwegs auf der Orca Alley“ beschrieben, ist die Wahrscheinlichkeit, überhaupt auf Orcas zu treffen, statistisch eher gering. Und selbst wenn, ist die Chance einer friedlichen Begegnung weit höher als die einer unfreundlichen. Nach einer groben Schätzung bekommen derzeit 90 Prozent aller Yachten keinen Schwertwal zu Gesicht, was angesichts ihrer vom Aussterben bedrohten Population auch nicht verwundert. Nur für 2 bis 3 Prozent endet sie unfreundlich bis hin zur Ruderbeschädigung. Nach einer aktuellen Karte der britischen *Cruising Association* finden mehr als 90 Prozent aller Beschädigungen im Westen der Iberischen Halbinsel statt.

Karten wie auf den Seiten der *Cruising Association (*unter: www.theca.org.uk/orcas/reports) sowie bei *Orca Iberica* (unter: www.orcaiberica.org/last-interactions) und in den sozialen Medien, insbesondere der WhatsApp-Gruppe *OrcasLocationPT/SPCoast* von Rui Alves, geben zudem groben Aufschluss, in welcher Region sich die letzten Sichtungen und Interaktionen ereignet haben. Da die Karten auf der freiwilligen Meldung betroffener Segler basieren, geben solche Karten nur ungefähre Hinweise, denn viele Boote melden ihre Interaktionen nicht, vor allem, wenn sie friedlich verliefen.

Rui Alves hat sein Beobachtungssystem vor der Küste Portugals im Oktober 2022 begonnen und bestätigt die Beobachtung, dass es meist Gruppen von drei bis vier Tieren sind. „Sie bleiben oft zwei bis drei Tage an einem Ort, manchmal passiert dann auch drei oder vier Tage nichts, bevor sie plötzlich zur Algarve ziehen, um dort zwei bis drei Tage zu bleiben, und anschließend wieder nordwärts nach Sines oder Sesimbra vor der Tejo-Mündung zurückzukehren. Soweit wir sie anhand der Fotos identifizieren können, ziehen sie hin und her."

Dies ist auch der Grund, warum alle genannten Gruppen bei Interaktionen dringend um Fotos oder Videos bitten, um die Zugrouten anhand identifizierter Tiere zu bestimmen.

Wie aber würde ich mich verhalten im Fall einer Orca-Begegnung? Im Folgenden eine Übersicht der möglichen Gegenwehrmaßnahmen, sortiert in aufsteigender Reihe, wie ich subjektiv ihre Erfolgsaussichten für mich einschätze.

Ich weiß zunächst einmal, was ich keinesfalls tun würde. Würde ich 75 Kilogramm Sand mitführen, um ihn über den Tieren auszuschütten, wie manche spanischen Fischer es tun? Das empfindliche Blasloch der Tiere könnte in Mitleidenschaft gezogen werden, ganz abgesehen davon, dass die Erfolgsquote bislang zweifelhaft ist. Würde ich sogenannte „Robbenbomben" zünden, kleine Sprengladungen, wie sie ebenfalls von Fischern eingesetzt werden, um Robben und Seelöwen von ihren Netzen fernzuhalten? Auch das würde ich eher vermeiden. Schon deshalb, um das empfindliche Gehör der Tiere nicht zu verletzen.

In den Selbsthilfe-Gruppen im Internet stoße ich neben eher erheiternden Vorschlägen, den Tieren doch „ganzheitlich" zu begegnen, auch auf allerhand Bauanleitungen, um die Ruder zu schützen. Die Liste dieser Maßnahmen liest sich phantasievoll und zeugt vom menschlichen Erfindergeist. Es gibt Skipper, die ihre Ruder in Zebrafarben streichen, um Orcas wie Vögel vom ungewollten Flug in die Scheibe abzuhalten.

Die spanische Orca-Schützer-Gruppe *Orca Iberica* versucht sich ebenfalls am Einfluss von Farben auf das Orca-Verhalten. Dunkle Unterwasseranstriche seien zu 70 Prozent gefährdeter als helle. Diese Aussage könnte statistisch irrelevant sein, bevor nicht geklärt ist, wie die Verbreitung „dunkler" Farben gegenüber „hellen" Farben am Markt aussieht. Denn die notwendigen Antifouling-Farben für Segelyachten, die dazu dienen, das Unterwasserschiff von Bewuchs freizuhalten, werden, wie ein Blick auf die Shopseiten von Yachtausrüstern zeigt, überwiegend in den Farben schwarz, blau und rot verkauft, also in dunklen Farben. „70 Prozent gefährdeter" könnte ein Trugschluss sein, wenn generell über 70 Prozent aller Yachten oder mehr diese dunklen Farben verwenden. Farben wie helles Grau werden ebenso wie sogenannte „Coppercoats", kupferhaltige Farben, seltener eingesetzt. Weiße Farbe für den Unterwasserrumpf ist wenig verbreitet, sie kommt wenn, dann eher nur gelegentlich bei Motoryachten vor, die als Bootstyp in der Schadensbilanz überhaupt keine Relevanz haben. Als weiteres Gegenargument zur Farbenhypothese sollte überprüft werden, wie viele Ruderbeschädigungen sich nachts ereignen, wo Farben keine Rolle spielen.

Ich träume, was Unterwasserfarben angeht, eher von einer einfachen Mixtur, die man dem jährlichen Unterwasseranstrich zufügt und die Orcas durch dessen penetranten Geruch vom Boot vergrämt.

Augenblicklich hilfreicher sind die Versuche der *Orca-Iberica*-Gruppe, im Sommer 2022 ein Ampelsystem auf ihrer Website vorzuhalten, das Zonen mit aktuell hoher Orca-Aktivität auswies. Auch hier gilt der Hinweis, dass Orcas ihren Standort schnell verändern können.

Die im Netz vorhandenen Bauvorschläge konzentrieren sich auf das Anbringen von Schutzvorrichtungen, um das empfindliche Ruder zu sichern. Angetan hat es mir die Idee, mittels eines Schlauchs und einer 12-Volt-Fahrradpumpe unter dem Ruder Luftblasen zu erzeugen, um die Orcas zu verwirren. Eine Schwierigkeit dürfte bei baulichen Veränderungen deren sicherer Halt während der Fahrt durchs Wasser bereiten, denn sie erzeugen Widerstand.

Ob Schraubzwingen als Abweiser links und rechts des Ruderblatts dem Wasserdruck standhalten? Ob zur Abschreckung Gewindestangen helfen würden, befestigt wie Stacheln ums Ruder? Oder Ankerketten wie eine Schürze vom Heck herabhängen lassen? Zumindest Letzteres würde ich ins Auge fassen, freilich im Bewusstsein, dass Orcas verspielt und intelligent genug sind, um auf die Idee zu kommen, an der „Schürze“ zu zerren.

Nachteil aller dieser Baumaßnahmen ist, dass sie lediglich das Ruder schützen. Typische Interaktionsmuster wie Yacht stoppen, rammen oder im Kreis drehen müsste ich weiterhin geduldig ertragen. Deshalb verwerfe ich nach einer Weile die meisten dieser Konstruktionen.

Sollte ich ein stärkeres Ruder einbauen? Ein fataler Vorschlag, der zwar in mindestens fünf Berichten die Ruderblätter vor Beschädigung bewahrte. Doch der Schaden verlagert sich lediglich und führt nach den vorliegenden Berichten zum Ausfall des Ruders aufgrund verbogener Ruderschäfte, schwerbeschädigter Rudermechanik und in mindestens einem Fall zum Untergang einer Yacht, weil statt des Ruderblatts nun Rumpf und Ruderkoker, die Ruderhalterung im Bootsrumpf, ausrissen.

Nein. Dann lieber ein Ruderblatt, das für eine Attacke mit Sollbruchstelle konstruiert ist, dessen Rest aber auch nach einem Bruch noch steuerfähig bleibt. Eine interessante Idee wäre auch ein Ruderblatt, das im Bedarfsfall einfach ausgeklinkt wird und an einem Draht hinter dem Boot hertreibend den Orcas ein Erfolgserlebnis statt Widerstand bietet.

Vergrämung ist ein ebenfalls interessantes Thema. Besonders Lärm ist eine Option für den aggressiven Notfall. Vom gezielten Lärmschlagen berichteten 22 Prozent aller Befragten in diesem Buch. Zwei dieser Versuche endeten erfolglos mit einer Ruderbeschädigung, in zwei Berichten ließen Orcas von den Rudern ab.

Daniel Haque, der im Kapitel „Lärm“ allein auf diese Methode setzte, blieb in Verbindung mit einem Pinger und einer nachgeschleppten Angelleine unbehelligt. Sämtliche geschilderten Lärmmaßnahmen waren mit Bordmitteln improvisiert und dies mag ein Grund sein, warum sie häufig als erfolglos bezeichnet werden. Das Dreschen auf den Mastfuß, die Badeleiter oder auf ein anderes Ausrüstungsteil ist wie das Zusammenschlagen von Bratpfannen eher ein Notbehelf, aber vermutlich in der Wirkung eher zu vernachlässigen, um unter Wasser Störgeräusche auszusenden, die gezielt für Vergrämung sorgen.

An Geräuschmaßnahmen würde ich vor allem zwei Dinge ausprobieren: Sogenannte Oikomi Pipes, auch „Banging Pipes“ genannt, wurden erfolgreich eingesetzt, um verirrte Wale aus einem Süßwassersee in Alaska zu treiben. Die Konstruktion besteht darin, 2,50 Meter lange Metallrohre freischwebend wie bei einem Windspiel ins Wasser zu hängen und mit einem Hammer anzuschlagen. Im Internet findet man Abbildungen der Konstruktion.

Pinger sind Störsender, die Seerobben und Delphine durch elektronischen Lärm vom Plündern der Netze abhalten sollen. Der Handel mit Pingern blüht im Internet, in Spanien sind die Sender offiziell verboten, weil sie das Gehör von Walen schädigen könnten. Pinger sind schwerer als beispielsweise der sogenannte Wal-Pal und geschleppt schwierig einzusetzen. Fazit: Erfolgsquote ungewiss, gehörschädigend – und damit indiskutabel.

Das deutsche Gegenstück zu den Pingern ist der sogenannte Wal-Pal, ein Vergrämer, der dazu entwickelt wurde, die Todesrate von Schweinswalen in Fischernetzen zu reduzieren. Tests in der Ostsee, vor Island und im Schwarzen Meer ergaben unterschiedliche Erfolgsraten und im besten Fall eine um 80 Prozent niedrigere Quote. Im Unterschied zu Pingern ist der ursprüngliche Wal-Pal ein programmierbares Gerät, das mit original Schweinswal-Misslauten wie „Hau ab!“ arbeitet, statt mit beliebigen Frequenzgeräuschen. Speziell zur Orca-Vergrämung auf Yachten wurde das Gerät weiterentwickelt und mit einem 25 Meter langen Stahlseil sowie Schwimmer ausgestattet. Vorteil: Der hinter dem Boot treibende Orca-Pal scheint in Verbindung mit dem Drahtseil die Orcas speziell durch Geräusche von hinten zu irritieren, sobald sie sich am Ruder zu schaffen machen wollen. Beim Wal-Pal wird auch nur die Zielgruppe vergrämt, andere Wale und Delphine hingegen nicht.

Auf meiner Liste hingegen steht nach den Erfahrungen der Skipper in diesem Buch auch die Idee, Leinen nachzuschleppen. In zwei Fällen sorgten geschleppte Schlauchboote oder Schleppangeln zumindest für eine zeitweise Ablenkung vom Ruder. In einem Fall, bei Daniel Haque, blieben die Ruderblätter unversehrt.

Rückwärtslaufen des Bootes wurde von vielen angewandt und kann durchaus helfen. Wissenschaftler vermuten hinter dem Interesse am Ruder in Wirklichkeit den (mit-)laufenden Propeller, dessen Strömung sie anlockt. Ein rückwärts laufender Propeller beraubt sie der Strömung. Die Fahrtrichtung zu ändern, bewährte sich in manchen Fällen, doch auch hier ist die Erfolgsquote umstritten.

Wer sich entscheidet, Gegenwehr zu leisten, sollte sich nicht nur auf eine Maßnahme, sondern konsequent auf mehrere vorbereiten. Bei aller Experimentierfreude sollte man dabei die Tiere im Auge behalten, ob eine Maßnahme also eher zu einer Verbesserung der Situation führt oder zu einer Verschärfung. Man sollte mit offenen Sinnen vorgehen, vor allem beobachten und aus diesen Beobachtungen heraus reagieren. Ein blindwütiger, unreflektierter Einsatz ist im Fall wütender Attacken zwar verständlich, wird aber nach allen vorliegenden Erfahrungen ebenso wie der Einsatz illegaler, aggressiver Mittel zu noch mehr Aggression seitens der Tiere führen.

Das Meer ist ihr Lebensraum, nicht der unsere. Wenn wir uns darin bewegen, sollten wir es so tun, als würden wir uns in der Wohnung unseres besten Freundes bewegen, der uns seine Zimmer überlassen hat. „Non si butta niente in mare“, wie mir ein italienischer Seemann einmal freundlich sein Verständnis vom Umgang mit dem Meer erklärte. Er hat viele Jahre in der italienischen Marine als Offizier gedient und führt heute einen großen Sportboothafen an der nördlichen Adria. „Man wirft niemals etwas ins Meer.“ Nicht den kleinsten Gegenstand.

Kapitel 18.

Mit allen Sinnen.

Mittwoch, 21. September 2022. 10 Seemeilen nördlich der Berlengas-Inseln, Peniche, Portugal, kurz vor Mitternacht.

Ob Chris Mackins in jener Nacht über die Stationen seines Lebens nachdachte? An jene Momente, in denen der heute 72-Jährige als junger Mann auf einem U-Boot der Royal Navy an Horchgeräten und am Sonar saß, um über Wochen und Monate die Umgebung des U-Boots abzuhören? An das, was er nach seiner Zeit in der Marine als Profitaucher für technische Projekte erlebt hatte? Dachte er an seine Firmengründung, seine Firma, die Spezialaufträge für Unterwasserprojekte ausführte und mit der er aufs richtige Pferd gesetzt hatte, als er beim Bau des 50 Kilometer langen Eurotunnels unter dem Ärmelkanal auf Jahre hin ausgebucht war? Oder erinnerte er sich daran, dass er im Jahr 2000 mit dem Tauchen vollends aufhörte und Philosophie und englische Literatur studierte, um fünf Jahre im chinesischen Wuhan zu unterrichten, lange bevor dort die Pandemie ausbrach?

Chris Mackins ist bis heute, was man im Deutschen einen „Haudegen" nennt. Einer, der sich im Leben in Dinge stürzte, von denen die meisten Menschen die Finger lassen würden. Und das ist bis heute so geblieben. Als ich ihn erreiche, ist er allein auf seinem 50 Jahre alten und 8 Meter kleinen Boot unterwegs. Sein Plan: erst durchs Mittelmeer. Dann ins Rote Meer. Im August nächsten Jahres über den Indischen Ozean bis ins chinesische Shenzhen.

Es ist kurz vor Mitternacht. Chris schläft auf einer der harten Cockpitbänke seines Bootes, das er auf offener See mit der Strömung und dem Rest des Windes durch die Septembernacht treiben lässt. Die Welt ist im Lot, und die Dinge um ihn herum auch. Jedenfalls bis zu dem Augenblick, in dem ihn ein Knacken unsanft aus dem Schlaf reißt: das Geräusch von berstendem Material nah bei ihm. Chris Mackins schlägt die Augen auf. Sein Blick geht nach unten, wo er das Geräusch vermutet.

Er muss nicht lange suchen. Aus unerfindlichem Grund ist die Halterung seines Autopiloten gebrochen – der Elektronik, die sein Steuerrad automatisch in die gewünschte Richtung bewegt und für ihn Kurs hält. Chris Mackins setzt sich auf – und erschrickt. Wenige Meter entfernt ragt der Kopf eines Schwertwals erhaben aus dem Wasser und hält unverwandt das winzige Auge auf ihn gerichtet. Der Schwertwal scheint ihn zu beobachten, als hätte er nur darauf gewartet, wie der merkwürdige Körper da im Cockpit wohl reagieren würde, wenn er aus seinem Schlaf erwacht. Chris ist seiner Wahrnehmung sicher, dass es genau so war. Dann taucht der Orca-Kopf langsam unter und ist verschwunden.

Mackins braucht einen Moment, um das zu verdauen. Unerwartet kommt das für ihn nicht. Er ist genau in der Meeresgegend unterwegs, in der sich gerade Orcas herumtreiben. Sorgen macht er sich wenig, jedenfalls nicht um sein Boot. Er weiß, dass er sich darauf verlassen kann, nicht erst, seit er voriges Jahr mit dem Boot auf einen Felsen knallte. Er fühlt sich sicher auf diesem kleinen Gefährt, einem früheren Trainingsboot der Royal Navy, das aus jenen Jahren stammt, in denen man Yachten noch massiv und schwer baute und bevorzugt mit einem unter dem Boot durchgehenden Langkiel ausstattete. Er würde auch den Propeller und das schwere Ruder in seiner doppelten Halterung schützen und Orcas zweifellos standhalten, selbst wenn sie rabiater würden.

Er denkt nicht an Gegenwehr. Er denkt zuerst daran, den Autopiloten in Sicherheit zu bringen. Chris ist allein an Bord. Fiele der Autopilot aus, müsste er Tag und Nacht am Steuer stehen. Während er darüber nachdenkt und neben dem Boot hinunterblickt, bemerkt er zunächst drei Orcas, die sich zusammen gleichzeitig am Ruder unter seinem treibenden Boot zu schaffen machen. Als er sich hinausbeugt, bemerkt er weitere Orcas unter dem Boot. Er kann in der Dunkelheit nicht erkennen, was sie tun, er sieht nur die Blasenringe zur Oberfläche aufsteigen, die sie auswerfen. Genau kann er ihre Zahl in der Dunkelheit nicht ausmachen. Es sind vielleicht sieben, vielleicht auch elf Tiere, die sich abwechselnd unter seinem Boot zu schaffen machen. Und er sieht drei bis vier weitere, die abseits der Gruppe aufrecht im Wasser stehen und nichts anderes tun, als ihre Augen auf ihn gerichtet zu halten.

Die Intensität dieses Augenblicks verschlägt ihm die Sprache. Er schwankt zwischen Furcht und Faszination. Furcht, auf einem winzigen Boot in der Dunkelheit durch ein Dutzend großer Raubtiere zu treiben, die ihn betrachten, ihre Köpfe hoch erhoben aus dem Wasser. Und Erhabenheit, Zeuge von etwas zu werden, was nur wenige Menschen erleben dürfen. Was wohl in den Tieren vorgeht?

Er startet die Maschine. Die Orcas umkreisen sein Boot, ohne das Ruder zu berühren. Dann ist der Spuk vorbei, sie sind weg. Später wird er sagen, dass er keinen Grund hatte, um sein Boot zu fürchten. Dass er sich zu keinem Zeitpunkt bedroht gefühlt hätte. Er dachte einfach nur, sie wären gelangweilt und seien nur deshalb in dieser Nacht zu ihm gekommen, weil er und sein Boot etwas waren, womit sie spielen konnten. Er wird sie nicht vergessen. Wie sie ihn beobachteten. Drei Hooligans, die sich am Ruder zu schaffen machten. Und die anderen, die ihn beobachteten.

Nur an eine Sache aus seinem früheren Leben denkt er in jener Nacht. An seine Zeit als Sonar Operator auf dem U-Boot. Damals hatte er Orcas gehört durch seine Horchgeräte, hatte sie alle wahrnehmen können: Wale, Delphine, Schwertwale. Er hatte sie intensiv belauscht, ohne sie in seiner stählernen Röhre, die zwischen ihnen hindurchglitt, je zu Gesicht zu bekommen. Hatte so intensiv gelauscht, dass er nach einer Weile gelernt hatte, sie zu unterscheiden, und begriff: Sie reden die ganze Zeit miteinander. Auch wenn er in dieser Nacht auf dem Wasser Jahrzehnte später kein Horchgerät hat, ist er sich doch sicher und glaubt, wie damals unentwegt ihr kleines „Wiieeee, Wiieeee“ zu vernehmen, als wollten sie sagen: „Lasst uns endlich weiterziehen. Das hier ist langweilig“.

Jede der bisher geschilderten Orca-Begegnungen ist anders. Jede bringt mich im Verständnis der Orcas weiter. In einigen Geschichten habe ich viel über Ablauf und Charakter der Ruderattacken begriffen. In anderen über das Wesen der Orcas gelernt. Und wieder in anderen erfahre ich Neues über mich selbst und darüber, wie alles mit allem verbunden ist, wie Brandon Sails so richtig bemerkte.

Nach Chris Mackins Erzählung frage ich mich: Hatte er einfach nur Glück, dass er ungeschoren davon kam? Hatten die Orcas gejagt und waren zu müde, um noch mehr anzustellen? Hatte die Gruppe ihr Tagessoll an demolierten Rudern längst erfüllt vor Mitternacht? Ist Chris Mackins einfach nur friedlichen Orcas begegnet, die neugierig, aber nicht aggressiv sind? Oder konnte er die Tiere beeinflussen, weil er ruhig blieb und die Tiere diese Energie spürten? Die Mehrzahl dieser Vermutungen basiert auf sprichwörtlichem Glück, also auf Umständen, die günstig sind, die aber kein Mensch steuern kann.

„Begegne nur dann Orcas, wenn sie friedlich, satt und glücklich sind“, klingt gut, ist aber kein wirklich ernstzunehmender Rat. Was mich interessiert, ist die Frage, ob Chris Mackins bei seiner Begegnung etwas richtig gemacht hat in diesem Augenblick, wie auch einige andere, die mir berichtet haben, dass sie es schafften, eine Art Kommunikation mit den Tieren aufzubauen. Etwas also richtig gemacht haben mit einem Verhalten, das ich nicht auf Anhieb benennen kann. Erst als ich seine Methode aus dem Blickwinkel der Tiere betrachte, begreife ich, wie Chris Mackins möglicherweise das Verhalten der Tiere beeinflusst hat.

Die Tatsache, dass es fünf Sinne gibt, ist für die meisten Menschen selbstverständlich. Sehen, Hören, Riechen, Schmecken, Tasten ist das, womit wir uns tagsüber ausnahmslos beschäftigen, um unser Leben zu bewältigen. Aber ist das alles, was uns an Sinnen zur Verfügung steht? Tatsächlich verfügen wir neben unseren fünf Sinnen und neben dem „sechsten" Sinn noch mindestens über vier weitere: heiß und kalt fühlen mit unserem Körper – Haut, Mund, Nase, Genitalien und äußere Ausscheidungsorgane mit eingeschlossen. Schmerzen spüren. Das Gleichgewicht halten. Und die Empfindung für das, wie sich in diesem Augenblick unser Körper anfühlt: Drückt es in der Nierengegend? Hat sich zwischen den Zähnen etwas eingeklemmt? Oder durchflutet uns gerade wohlige Entspannung?

Für die meisten Tiere ist das, was wir als unsere neun Sinne bezeichnen, eher Nebensache. In seinem Buch „Die erstaunlichen Sinne der Tiere" listet Ed Young die Vielfalt tierischer Sinne auf 400 Seiten auf: Rotkehlchen finden mithilfe des Erdmagnetismus selbst den Weg zum Fenster, Mücken bewegen sich auf Menschen zu, indem sie deren Haut sowie das CO_2 in der Atemwolke erschnuppern. Hummeln sehen die Welt in verschiedensten Ultravioletttönen, sehen dafür aber ebenso wenig rot wie Elefanten, welche die visuelle Welt anscheinend nur in Blau- und Gelbschattierungen wahrnehmen. Sie riechen enorm gut und identifizieren die Welt um sich herum vor allem über ihre lange Nase, ihren Rüssel, den sie dafür sehr zielgerichtet einsetzen.

Der Mensch hingegen verlässt sich vorwiegend auf Augen und Gehör, das ganz passabel ist. Webspinnen können mit beidem eher wenig anfangen, erspüren aber die kleinsten Regungen in und um ihre Netze durch besondere Organe, die Vibrationen lokalisieren und zuordnen können. Klapperschlangen sehen ebenfalls schlecht, können aber mithilfe zweier Vertiefungen oberhalb ihres Mauls Infrarotstrahlung möglicher Beutetiere als hellleuchtende Umrisse nicht nur wahrnehmen, sondern als dreidimensionales Wärmebild „sehen". Haie verlassen sich kurz vor dem Zubeißen auf die sogenannten Lorenzinischen Ampullen, dunkle Poren an ihrer Schnauze, mit denen sie elektrische Felder ihrer Beute wahrnehmen.

Orcas wiederum sind Sonarjäger, die sich bei der Wahrnehmung von Dingen und Lebewesen vor allem auf diesen Sinn verlassen und weniger auf ihr Sehen, das vor allem über Wasser nur auf nächste Entfernung zu funktionieren scheint. „Sie haben schlechte Augen. Aber sie wissen über Sonar genau, wen oder was sie da vor sich haben“, sagt Ulrich Karlowski.

Wir stehen noch am Anfang unseres Wissens darüber, mit welchen Sinnen Tiere ihren Alltag erleben. Mit hoher Wahrscheinlichkeit verfügen sie über weit mehr Möglichkeiten der sinnlichen Wahrnehmung als wir das heute ahnen. Auch wir verfügen über etwas, was wir lange Zeit landläufig als „sechsten Sinn“ bezeichnen, wenn wir ausschließlich durch intuitives Handeln, nicht durch Nachdenken, einer Gefahr entrinnen. Wissenschaftler sind heute im Frontallappen unseres Gehirns einer Region auf der Spur, die bei Gefahr durch Verarbeitung von Signalen aus der Umgebung blitzschnell eine Verhaltensänderung jenseits aller Wahrnehmung auslöst.

In einem meiner Telefonate versucht Cecilie Clegg Littler mir anhand eines Beispiels zu erklären, wie die Wahrnehmung von Tieren funktioniert. Hunde haben anders als Menschen schlechte Augen, deshalb würden sie andere Sinnesorgane einsetzen, um ihre Umwelt wahrzunehmen. Ihre Nase, ihre Ohren. Anders als wir erleben Hunde eine Stadt nicht als Straßennetz, sondern als ein Netz voller verführerischer Geruchspfade, Riechwolken und Duftlinien, wo wir uns am Anblick von Auslagen, Architektur oder Menschen erfreuen.

Das uns bekannte Universum, in dem wir leben, ist tatsächlich nicht das einzige. Ohne es auch nur zu ahnen, befinden wir uns mittendrin im Universum der Hunde, wie sie die Welt durch ihre Nase erleben. In dem der Mücken mit ihren spezialisierten Geruchsorganen. In dem der Netzspinnen, die die Welt durch Vibrationen verstehen.

Wir bewegen uns durch unzählige Tieruniversen, doch wir sind nicht in der Lage, mit unseren schlichten fünf Sinnen die vielen übrigen Universen um uns herum wahrzunehmen.

Jedes Lebewesen sieht die Welt vorrangig mit seinen geschärften Sinnen. Wissenschaftlich erforscht sind nur die wenigsten davon. Hunde verblüffen uns, weil sie schon eine Stunde vorher die Rückkehr des geliebten Frauchens vor der Tür sitzend erwarten. Hunde oder Katzen sind in der Lage, unsere Trauer, unsere Freude zu spüren. Hunde nehmen die Stimmung eines fremden Menschen auf, der sich ihnen nähert, die Energie, die von ihm ausgeht. Ist ein Mensch energetisch „geladen", also aggressiv? Geht von ihm Gefahr aus? Ist er eher „entladen" oder mutwillig drauf? Oder irgendwie fröhlich?

Cecilie erzählt mir eine ihrer Erfahrungen, als sie mit Flynn, ihrem acht Monate alten Border Collie, durch die Innenstadt Innsbrucks spazierte. Beide waren nie zuvor dort gewesen, als Flynn sich plötzlich auf eine Passantin fixiert. Flynn bellt die Frau aggressiv an und reißt an der Leine. Die Hundetrainerin ist irritiert. Was hat Flynn bloß?

Als die Passantin weitergeht, beruhigt er sich, Cecilie schimpft ihn, um sein Verhalten zu korrigieren. Flynn bleibt ruhig bis zu jenem Moment, als die beiden in einem Café sitzen, die Tür sich öffnet und die unbekannte Passantin von zuvor den Raum betritt. Wieder ist der Border Collie außer Rand und Band, schlägt an und wird gegen die Frau aggressiv. Nur mit Mühe kann Cecilie Flynn beruhigen, als die Frau etwas entfernt Platz nimmt. Und Minuten später einen schizophrenen Anfall erleidet, der Flynns merkwürdiges Verhalten erklärt.

„Ich habe das bisher zwei Mal erlebt, dass ein Hund eine schizophrene Erkrankung an einem Menschen bemerkte. Tiere spüren unsere Energie, selbst wenn es um Überspieltes wie eine psychische Erkrankung geht", berichtet die Hundetrainerin. „Ein Tier spürt selbst an einem Fremden, ob er Angst hat. Ob er aggressiv ist. Ob er es ehrlich meint oder nicht. Durch Körpersprache kannst du vieles verschleiern, aber für ein Tier werden deine wahren Absichten immer sichtbar sein."

Während ich Cecilie zuhöre, arbeitet mein Gehirn und überträgt, was sie sagt, Wort für Wort auf die Schwertwale. Hat Chris Mackins im vorangegangenen Vorfall das Verhalten der Orcas beeinflusst, weil die Tiere seine Energie spürten, als er im Cockpit erwachte und sie gleichermaßen ohne Angst und ohne Aggression betrachtete? Was nahmen sie in diesem Augenblick von Chris wahr, wenn ihre kleinen Augen ihnen wahrscheinlich nicht viel verrieten? Mit welchen Sinnen nahmen sie ihn wahr? Besitzen sie die Fähigkeit von Klapperschlangen, eine sensorische Wahrnehmung elektromagnetischer Strahlung durch eine Verknüpfung in ihrem Gehirn in ein echtes Bild zu verwandeln?

Cecilie weiß von diesen Gedanken nichts, während sie weiterspricht, aber sie ahnt, dass ich bei den Orcas bin, wenn sie sagt: „Angst ist keine gute Idee, um die Orcas bei einer Begegnung von ihrem Tun abzuhalten. Hunde riechen deine Angst, sie spüren, dass du nicht in der Lage bist, ihnen eine Grenze zu setzen. Sie nehmen sich ihr Verhalten und tun etwas, weil sie es tun können."

Und Aggression? Richtige Gegenwehr? Was passiert aus Cecilies Erfahrung, wenn ich mich bei einer Orca-Attacke auf mein Ruder wehre?

„Angst ist wie gesagt keine gute Idee. Aggression jedoch ebenso wenig. Wenn du einem starken und körperlich überlegenen Tier mit Aggression kommst, facht das dessen Aggression in der Regel eher noch an. Orcas sind hochintelligente Tiere, sie sind nicht zuletzt durch ihr intensives Sozialverhalten klug genug zu wissen, wie wenig dir eine Gegenwehr weiterhilft."

Ihre Aussage deckt sich mit dem, was Theo Wakefield mir im gleichnamigen Eingangskapitel über seine Gegenwehr berichtet hat. Er fürchtete, mit jeder Maßnahme die Tiere noch wütender zu machen. Oder Arthur Skipper und sein Spiel mit den Orcas, der beobachtete, wie sie aggressiver wurden im Spiel, je fester er das Ruderrad hielt, und mir sagte: „Sie wollten der Herr sein in diesem Spiel."

Es gibt noch weitere Beispiele, wie man es durch seine innere Einstellung schaffen kann, gewöhnlich scheue Raubtiere erst an Menschen zu gewöhnen und sie zu besänftigen. Der Südafrikaner Kim Wolhuter ist Tierfilmer unter anderem für *National Geographic* und die BBC und ein extremes Beispiel. Seine Filme zeigen ihn, wie er vertraut und barfuß mit wilden Hyänen spielt. Wie er in Begleitung seiner Frau samt Baby zwei Löwinnen neckt oder zwischen Geparden kuschelnd am Boden liegend filmt. Am faszinierendsten ist seine Begründung, warum er niemals eine Waffe im Busch trägt. Er erklärt diese einfache Regel in einem Video, während er barfuß zusammen mit wilden Hyänen durch die Savanne läuft: „Ich habe drei einfache Regeln. Regel Nummer eins: Ich füttere niemals wilde Tiere. Meine zweite Regel ist: Ich trage niemals eine Waffe. Und das ist entscheidend. Wenn du eine Waffe trägst, wirst du unglaublich arrogant im Busch. Deine Körpersprache zeigt es. Die Tiere können es lesen. Du kannst dich ihnen dann nicht nähern. Sie spüren, du bist aggressiv in deiner Annäherung. Du agierst, als wärest du der Überlegene. Sie spüren all das. Wenn du keine Waffe bei dir hast, dann zeigst du eins zu eins diesen Respekt." Seine dritte Regel aber lautet: „Wenn ich mit Tieren arbeite, machen sie die Regeln. Ich lasse sie entscheiden, ob sie mit mir interagieren wollen ... Wenn du sie die Regeln machen lässt, haben sie weit mehr Vertrauen."

Auch bei den Regeln dieses kontroversen Tierfilmers geht es also um die menschliche Energie, die die Tiere wahrnehmen. Als ich dies höre, bin ich skeptisch. So denke ich nicht. Ich reagiere vor allem nach dem, was ich mit meinen Augen wahrnehme. Womit sonst? Bringt mich etwas durch Aggression in Gefahr, reagiere ich instinktiv, wie Menschen es im Laufe ihrer Menschwerdung seit Hunderttausenden von Jahren auf ihrer inneren Festplatte eingebrannt bekamen: erst mit der Ausschüttung von Stresshormonen, um alle meine Kräfte zu mobilisieren. Dann mit Flucht oder Kampf. Mit meiner Art zu denken sehe ich keine andere Möglichkeit. Und als ich auf meiner Reise zum ersten Mal von den Orcas hörte, war ich entschlossen, mein Boot – mein Zuhause – gegen sie zu verteidigen. Stillhalten kam für mich keinesfalls infrage. Also Gegenwehr. Ich lasse mir mein Boot nicht demolieren!

Heute denke ich anders. Nach allem, was ich jetzt weiß, würde ich bei einer Begegnung zunächst stillhalten und tatsächlich versuchen, in eine Kommunikation mit den Tieren zu kommen. Es ist den Versuch wert. Meine Gespräche haben mich dazu gebracht, die Erfahrungen, die ich bei der Arbeit an diesem Buch gesammelt habe. Nicht zuletzt meine Gespräche mit der Hundetrainerin, die meine aggressive Haltung infrage stellte mit dem Argument, genau dadurch Tiere zu einer Reaktion zu bringen, weil sie diese Energie spüren und entsprechend darauf antworten würden.

Ich habe genügend Aussagen in diesem Buch gesammelt von Menschen, die Gegenwehr leisteten. Die wenigsten waren damit erfolgreich. Wenn ich eine Stichprobe mache, waren es 78 Prozent, die sich für eine Gegenwehr entschieden. Lediglich ein Skipper, Daniel Haque, war damit erfolgreich. Er setzte gleichzeitig mindestens einen akkustischen Vergrämer ein, seine zufällig ausgebrachte Schleppangel mit markantem Köder sorgte zugleich für Ablenkung. Es könnte ein Hinweis darauf sein, dass mehrere gleichzeitig angewendete Strategien wie akkustische Vergrämung plus visuelle Ablenkung stärker wirken als dieselben Maßnahmen nacheinander. Oder es könnte auch einfach eine Kontrollillusion sein, dass man denkt, die eigenen Maßnahmen hätten die Orcas veranlasst, wieder abzutauchen.

Wer wie Theo Wakefield im Kapitel „Gegenwehr“ konsequent verschiedene Methoden eingesetzt hat, muss allerdings häufig einsehen: „Ich habe mich gewehrt, ich habe versucht herauszufinden, welche Reaktion sie von mir sehen wollten. Aber alles, was ich weiter versuchte, würde die Orcas nur noch wütender machen."

Nicht jeder, der sich in den Berichten konsequent still verhielt und sich streng ans Protokoll hielt, kam damit auch ungeschoren davon. Von allen Befragten, die sich passiv verhielten, kamen immerhin 11 Prozent ohne Beschädigung ihrer Boote davon. Die echte Zahl dürfte deutlich höher liegen, weil glimpfliche Begegnungen seltener gemeldet werden. Weitere 11 Prozent erreichten zumindest zeitweise ein ruhigeres Vorgehen der Tiere.

Man kann selbst bei der kleinen Datenbasis meines repräsentativen Querschnitts festhalten, dass diejenigen, die ungeschoren blieben, sich bei ihrer Interaktion nicht gewehrt hatten. Dies kann kein Zufall sein. Hat Cecilie recht, dass Tiere auch auf die Energie reagieren, die wir ausstrahlen?

Orcas sind in hohem Maße soziale Wesen, deren Dauerkontakt zu Artgenossen ihre Sinne auf ein Höchstmaß darauf getrimmt hat, wie andere Lebewesen agieren. Gehen wir also ruhig davon aus, sie erfassen, mit welchem Sinnesorgan auch immer, wie ihnen der gesonnen ist, der ihnen da in der Nacht wie Chris Mackins auf einem Boot gegenübersitzt.

Ich bin allerdings nicht so naiv zu glauben, die Orca Iberica vor den Küsten Portugals, Spaniens und Gibraltars wären ein Streichelzoo oder dass Kim Wolhuter einfach mal eben in die Savanne ginge, um mit Löwinnen zu kuscheln.

Die Biografie auf seiner Website beginnt Kim Wolhuter mit den Worten: „Ich hatte bereits in meinen frühen Lebensjahren das große Glück, in der Wildnis Afrikas aufzuwachsen: Im Krüger Nationalpark, wo mein Vater Henry Wolhuter der Chef der dortigen Park Ranger war." Und sein Großvater ebenso.

Auch das ist mir durch die Berichte in diesem Buch klar geworden. Menschen, die mit Tieren aufwuchsen, werden sich möglicherweise im Umgang mit Orcas leichter tun.

Kim Wolhuter nähert sich in seinen Videos über Monate seinen Tieren an. Er baut langsam Vertrauen auf, indem er sich ihnen barfuß verletzlich und konsequent unbewaffnet zeigt. Ich bin kein Nachfahre von Park Rangern. Ich besitze auch jene Gabe nicht, mit Pitbulls oder bissigen Schäferhunden umzugehen wie Arthur Skipper, Cecilie Clegg Littler oder Brandon Sails. Ich weiß, ich könnte mich nicht mal annähernd mit Raubtieren wie Löwen, Geparden oder Hyänen so anfreunden, dass ich mich ihnen in freier Wildbahn nähern könnte.

Die Zeitungen berichten allenthalben von selbsternannten Tierverstehern wie dem „Grizzly Man" Timothy Treadwell, der von einem Grizzly gefressen wurde, oder dem Tierfilmer und „Crocodile Hunter" Steve Irwin, den bei Unterwasseraufnahmen ein Stachelrochen tötete. Ich weiß, meine Entfremdung von der Natur ist zu groß, auch wenn ich in den vergangenen Jahren viel Zeit auf See verbracht habe und dies in mir seine Spuren hinterließ. Ich weiß auch, dass in der langen Reihe meiner Vorfahren der Großteil Jäger und Bauern waren, von deren jahrtausendealten Erfahrungen und Instinkten auch noch ein Rest irgendwo in mir vorhanden ist. Ich werde also versuchen, bei einer Orca-Begegnung nicht aggressiv, sondern intuitiv zu handeln. Vielleicht gelänge es mir dann, ohne Aggression einem Tier Grenzen zu setzen, sofern die Situation es zulässt.

Was also werde ich tun, wenn ich wieder nach Irland zurückkehre auf der „Orca Alley", wie ich es plane in ein oder zwei Jahren? Wenn noch mehr Orcas, so wie viele Experten es prognostizieren, auf der „Orca Alley" ihrem Katz-und-Maus-Spiel mal spielerischer, mal aggressiver nachgehen? Hätte ich den Mut, ohne Waffe in die Savanne zu gehen?

Könnte ich Vertrauen in irgendein Mittel der Gegenwehr haben? Im Augenblick sicher nicht. Verlässlich ist keines davon, sie wären oft nur ein Notbehelf. Aber es ist gut, auf alles vorbereitet zu sein und nicht nur auf ein Pferd zu setzen, sondern verschiedene Optionen zu haben.

Kapitel 19.

Begegnung.

Samstag, 27. August 2022. 20 Seemeilen nördlich der griechischen Insel Errikousa, Grenzgebiet Albanien, 14:45 Uhr.

Es ist früher Nachmittag. Heute Morgen um 10 Uhr habe ich den Anker gelichtet und auf meiner Reise von Dublin nach Triest den Strand vor der nördlichsten griechischen Insel Errikousa verlassen. Mein Ziel ist Dubrovnik, die eineinhalb Tagesreisen entfernte Hafenstadt in Südkroatien.

Seit Stunden ist das Meer nur leicht gekräuselt. Kein Laut außer dem gleichförmigen Brummen von LEVJEs Maschine, die uns langsam nordwärts treibt. Kein Wind. Suche ich den Horizont vor mir ab, ob sich nicht doch ein Windhauch ankündigt, sehe ich keinen Wind. Kein Hauch nirgendwo. Vielleicht hat das auch mit den Gewitterwolken zu tun, die sich gerade über den Gebirgen Albaniens auftürmen, wo im Osten die Küste verblasst. In der Nacht werden die Berge vollends verschwinden, die albanische Küste wird weit zurückspringen, ich werde dann windlos auf dem offenen Meer unterwegs sein. Erst für den frühen Morgen sagt der Wetterbericht etwas Wind voraus.

Zum x-ten Mal werfe ich in der Hoffnung auf einen Windhauch den Blick voraus aufs Meer. Da! Zwei graue Buckel, die rechts in 200 Metern Entfernung aus dem Gekräusel auftauchen und gleich wieder verschwinden. Sekunden später tauchen die beiden Rücken gemächlich wieder im Wasser auf. Orcas sind es jedenfalls keine. Aber was immer die beiden Buckel tatsächlich sind: Sie laufen unbeirrt auf mich und mein Schiff zu. Kollisionskurs heißt das in Seemannsdeutsch. Wenn nicht einer von uns die Richtung oder die Geschwindigkeit ändert, werden wir kollidieren.

Das ist ungewöhnlich. Ihr Sonar sagt den Tieren lange vorher, wer und was ich bin. Sie ändern gewöhnlich ihre Richtung und weichen aus. Eine Kollision ist nicht in ihrem Sinne. Während ich die Tiere gebannt im Auge behalte, die weiter auf mich zuhalten und bedrohlich nahegekommen sind, taste ich, ohne hinzusehen, mit der rechten Hand nach hinten und bringe den Gashebel in Nullstellung. Der Motor wird leiser, langsam läuft das Schiff von seiner schieren Masse getrieben aus und kommt nach einigem Gleiten schwerelos zum Stehen. Keinen Moment zu früh. Die beiden Tiere haben ihren Kurs um keinen Zentimeter geändert und zielen immer noch auf LEVJEs Bug.

Ich stelle die Maschine ab und schalte sämtliche Instrumente aus: Den Geschwindigkeitsmesser, dessen Mini-Wasserrad an der Unterseite von LEVJEs Bauch mit einem sirrenden Ton die Geschwindigkeit erfasst. Den Tiefenmesser, der mit einem ständigen Schallsignal ununterbrochen den Grund unter mir abtastet und mir die Tiefe nach oben meldet. Ich stelle ab, was die Tiere irritieren könnte. Ihr rätselhaft zielstrebiges Verhalten ist mir Warnung genug. Dann gehe ich nach vorne zum Bug.

Im türkisfarbenen Wasser des Meeres, das an dieser Stelle 1.000 Meter tief ist, zieht gemächlich und unbeirrbar ein großer, grauer Schatten vor LEVJEs Bug vorbei.

Während ich noch fasziniert dem grauen Schatten folge, höre ich rechts hinter mir ein Schnauben. Es ist das Schnauben eines ausatmenden Delphins. Ich sehe ihn an der Oberfläche, aber er hat nichts mit den Delphinen gemein, die ich kenne. Ein schimmernder grauer Körper, der sich schlangengleich in voller Länge kurz auf der Wasseroberfläche zeigt, bevor die Fluke wieder unter Wasser verschwindet. Ein grauer Körper, kreuz und quer überzogen von einem Netz uralter weißer Linien, als wären es Narben. Weit hinten auf dem Rücken, fast schon am Schwanz, der Stummel einer Rückenflosse.

Ich rätsle noch, was für ein Tier es sein könnte. Delphin und doch nicht Delphin? Wal und doch nicht Wal? Das Tier umkreist LEVJE im Uhrzeigersinn.

Während es wenige Meter entlang der Bordwand ruhig nach Norden strebt, kann ich seine Länge im Vergleich zur Bootslänge abschätzen. Auf ein Drittel von LEVJE schätze ich das Tier, das macht bei 12 Metern Rumpflänge des Bootes 4 Meter aus, die als grauer Schatten unter mir Richtung Bug gleiten.

Plötzlich ein zweites schnaubendes Ausatmen hinter mir. Auch das zweite Tier umkreist das Boot, allerdings in entgegengesetzter Richtung. Ein weiterer grauer Körper mit dem weißen Netz aus Linien, die sich wie Striche einer geheimnisvollen Schrift über den Körper ziehen, als wäre dieses Tier alt, so uralt wie seine Atemluft, die mich für einen Moment modrig umfängt.

Die Tiere umkreisen LEVJE gegenläufig. Einmal. Zweimal. In unendlicher Langsamkeit. Ich kann ihre Köpfe, ihre Augen nicht sehen, sie halten sie unter Wasser, doch ihr Verhalten lässt keine Aggression erkennen. Eher Neugier, ein vorsichtiges Wissen-Wollen, was das für einer ist, dem sie da gerade begegnen.

Ich habe auf meiner Reise genug über Orcas gelesen und erfahren. Ich weiß, wenn die beiden jetzt ein aggressives Verhalten an den Tag legen würden, könnte ich nichts tun, um das zu verhindern. Ich bin allein. Ich hätte nichts zur Abwehr. Ich wäre wehrlos.

Doch irgendetwas sagt mir, dass ich keine Angst haben muss. Ich spüre tatsächlich keine Furcht, während die Tiere mich umkreisen.

Ich bin weder verwegen noch ein mutiger Mensch. Als kleiner Junge mied ich große Rutschen, versteckte mich bei Tarzan-Filmen hinter dem Sofa, kaute Fingernägel. Bis heute mache ich einen Bogen um Horrorfilme. Doch irgendetwas sagt mir, dass ich mich vor diesen beiden ururalten Delphinoiden, die mein

Boot langsam und mit abwartender Neugier umkreisen, nicht fürchten muss.

Ein merkwürdiges Gefühl erfasst mich, das bis zum heutigen Tag anhält und vielleicht der Grund ist, warum ich dieses Buch schreibe. Faszination für diese Begegnung, für die wortlose Kommunikation, die die Tiere mit mir beginnen und die mehr ist als stilles Beobachten. Es ist kein Lauern, was der andere tut. Es ist, als wäre dieses arglose Einander-Beobachten unser Handschlag. Eine Verbundenheit mit den Tieren, Verwunderung über ihr stilles Interesse an mir, das jederzeit in Aggression umschlagen könnte und es doch nicht tut. Die Begegnung mit einer uralten Intelligenz, die mich nächtelang noch davon träumen lässt. Was wollen sie mir sagen?

Zwei Mal umkreisen mich die beiden großen Säuger. Dann sind sie verschwunden. Sie bleiben verschwunden, so sehr ich auch eine Viertelstunde lang die Wasserfläche nach ihnen absuche.

Als ich am Abend des folgenden Tages im Hafen von Dubrovnik festmache und wieder Netz habe, versuche ich herauszufinden, was mir da begegnet ist. Es waren wohl Cuvier-Schnabelwale, die hervorragendsten Taucher unter allen Säugetieren, die bis zu vier Stunden auf der Jagd nach Tintenfischen unter Wasser bleiben können. Ob es wirklich so ist, werde ich nie erfahren.

Senden sie uns eine Botschaft? Ich bin sicher. Was ich über die Orcas schrieb, gilt auch für uns Menschen. Auch wir sind faszinierende Lebewesen, und das nicht nur, was unsere Lernfähigkeit angeht. Wir sind grenzenlos neugierig, unser Erfindungsreichtum ist, was neues Verhalten angeht, außerordentlich. Wir sind Küstenbewohner wie sie. Die Begegnung mit ihnen ist vorprogrammiert. Und wie bei jeder Bekanntschaft, die man neu macht, und jeder Beziehung, die man intensiv lebt, verändert sie etwas in einem.

Jede Begegnung enthält eine Botschaft, auch wenn wir sie häufig nicht hören wollen. Was immer die Orcas bewegt, was immer sie tun: Wir sollten es als Weckruf verstehen, unseren Kurs radikal zu ändern. Denn es hängt alles mit unserem Tun zusammen.

Zu diesem Zeitpunkt weiß ich noch nicht, dass ich nur vier Wochen später mit einem Meeresbiologen telefonieren werde, der mir sagen wird: „Ich bin immer wieder überrascht von den vielfältigen Verhaltensphänomenen, die wir bei diesen Tieren beobachten dürfen. Es sind ja sehr kleine, gefährdete Gruppen, die es vielleicht nicht mehr lange gibt. Ich bin jedes Mal wieder überrascht, zu welchen kognitiven Leistungen sie fähig sind."

Ich weiß, dass das Rätsel der Orcas weiter ein Rätsel sein wird. Wir verstehen sie bis heute nicht. Ich weiß nur, wir müssen dem, was wir nicht verstehen, einen Platz einräumen.

Kapitel 20.

Schuldig? Oder nicht schuldig?

Fazit. Und Learnings.

Am Ende dieses Buches denke ich darüber nach, was ich aus meinen Gesprächen mit Betroffenen, Naturschützern und Forschern mitnehme. Vor allem aber bewegt mich die Frage: Wer ist schuld?

Aus juristischer Sicht scheint die Sache längst klar: Wir haben einen Schaden. Es gibt einen Geschädigten. Und es gibt einen Verursacher des Schadens. Orcas beschädigen Boote, man muss dagegen vorgehen.

Wenn ich mir die Frage stelle, ob Schwertwale gezielt gegen Boote und ihre Ruder vorgehen, dann denke ich: Ja. Ihr Spiel mit einem bestimmten Schiffstyp hat sie gelehrt, nicht nur ein tolles Spielzeug und Trainingsobjekt für Kraft, Ausdauer und gemeinsame Koordination vor sich zu haben. Vor allem haben sie begriffen, wie sie durch einfachen Krafteinsatz Wirkung erzeugen, die weit über das Training hinausgeht. Eine Wirkung, die das Belohnungszentrum in ihrem Gehirn aktiviert und sie motiviert, weiterzumachen.

Zumindest im Moment gehen sie nicht nur gezielt gegen Segelyachten bis 15 Meter Länge, also eine eng definierte Art von Boot, vor, weil sie es können und dabei Wirkung erzielen, ohne dass es ein wirksames Mittel zur Korrektur ihres Verhaltens gäbe.

Wenn wir die Orcas vor Gericht stellen könnten, würden wir sie schuldig sprechen? Oder würden wir auf mildernde Umstände plädieren, weil der Mensch dabei ist, ihren ureigenen Lebensraum zu zerstören, und das nicht nur vor der Iberischen Halbinsel? Würden wir sie freisprechen, weil sie in Notwehr handeln?

Für manche Foristen ist der Fall eindeutig, und das Urteil ebenso: „Knallt sie ab!" Aber so denken die wenigsten. Jedenfalls im Augenblick. Nach den Prognosen der meisten Wissenschaftler ist es sehr wahrscheinlich, dass die Zahl der an den Interaktionen beteiligen Orcas weiter zunimmt. Mit jedem weiteren Schiff, das als Folge einer Ruderattacke beschädigt wird oder gar sinkt, werden die Rufe nach Abwehrmaßnahmen lauter werden. Es sind nicht nur die Schreihälse und Unvernünftigen, sondern auch Menschen, die an dieser Küste leben und arbeiten, die nach einem Einschreiten der Politik rufen.

In den letzten Novembertagen gerät das Boot des bekannten britischen Seglers Robin Knox-Johnston vor dem spanischen Cabo Finisterre unter Schwertwale, die bekannten Ruderschäden sind die Folge. Ein Anwohner schreibt dazu: „Ich kann die Bewunderung für einen großen Seemann verstehen. Er hatte einfach Pech, dass er vor Finisterre von Killerwalen ‚angegriffen' wurde. Wir hingegen, die wir in diesen Gewässern leben und regelmäßig unterwegs sind, sind im Gegensatz zu ihm anonym. Wir werden es solange bleiben, bis einer von uns ums Leben kommt." Die Sorge, dass Menschen in der Folge einer Orca-Interaktion zu Schaden kommen könnten, steht im Raum, und sie kann angesichts von bislang 400 beschädigten und mindestens zwei gesunkenen Yachten nicht weggewischt werden.

Die Diskussion über Gegenmaßnahmen ist an vielen Stellen im Netz längst dabei zu eskalieren. Dabei ist sie im Kern nicht neu. Sie flackert zwangsläufig immer dort auf, wo die sinnvollen Anstrengungen, eine vom Aussterben bedrohte Tierart regional zu erhalten, erfolgreich bei intelligenten Raubtieren verwirklicht werden.

Die Diskussion über ein Verhalten, das mittlerweile ein Drittel der Population der Orca Iberica zeigt, wird mit den gleichen Argumenten geführt wie die über die Auswilderung von Bären, Wölfen und Luchsen. Die Konflikte steigen, wo Menschen und Raubtiere sich begegnen. Die Erfahrungen zeigen, dass die Erhaltung gefährdeter Raubtierarten erfolgreich ist, aber nie folgenlos bleibt.

Die Debatten gewinnen an Schärfe. Dabei gibt es beispielsweise für Wölfe klare Anleitungen, wie im Fall von problematischen Verhaltensweisen vorzugehen ist, wie die gesetzlichen Regeln dafür aussehen und auch wie die Erfolgschancen für die einzelnen Gegenmaßnahmen stehen. Bei der Auswilderung von Wölfen und Bären in Europa wurden viele Erfahrungen gesammelt. Es lohnt sich, einen vergleichenden Blick beispielsweise in die Handlungsempfehlungen für den Umgang mit Wölfen zu werfen:

„Hat ein Wolf erst einmal ein problematisches Verhalten entwickelt, sind die Handlungsoptionen begrenzt. Im Anfangsstadium kann die Entfernung des etwaig vorhandenen Auslösereizes ausreichen, das unerwünschte Verhalten zu unterbinden. Ist dies nicht erfolgreich oder wird ein solcher Reiz nicht gefunden, kann versucht werden, mit negativen Reizen, also durch Vergrämen, eine negative Konditionierung der Tiere herbeizuführen. Allerdings kann Vergrämung nur in bestimmten, eng definierten Fällen eingesetzt werden. Die Aussichten auf Erfolg sind ungewiss. Letzter Schritt der kurzen Reihe der Handlungsoptionen ist die letale Entnahme“, so die Zusammenfassung von Ilka Reinhardt und anderen in ihrem Bericht „How to deal with bold wolfes“.

So klar und eindeutig die Regeln sind, so kurz ist die Liste der Handlungsoptionen. Aber nicht nur deshalb sind die Erfahrungen mit diesen Optionen in der Realität ernüchternd. In der Praxis werden die vorgeschlagenen Optionen erst gar nicht angewendet. Merkwürdigerweise sind alle Seiten – Artenschützer, Behörden, NGOs, aber auch Betroffene – geneigt, in Fällen von problematischem Verhalten eher wenig Aufhebens zu machen.

Die Folge: Die Zahl verdeckter, illegaler Aktionen gegen Wölfe, Bären und Luchse nimmt zu. Betroffene helfen sich selber, problematische Tiere werden einfach entnommen, also ungesetzlich abgeschossen, vergiftet, häufig mit der Rechtfertigung, es sei eine Verwechslung mit einem wildernden Hund gewesen.

Auch dies ist ein mögliches Szenario, wie die Zukunft für die Orcas vor der Straße von Gibraltar aussehen könnte, wenn Forscher keinen Erfolg haben, erfolgreiche und artverträgliche Methoden der Abwehr zu entwickeln. Man kann sich zudem ausmalen, was passieren dürfte, wenn es Artenschützern, Anwohnern, Fischern und Seglern nicht gemeinsam gelingt, Kompromisse einzugehen. Egal ob die Zahl der Orca-Schäden im Westen des Kontinents in den kommenden Jahren steigen oder gleich bleiben wird: Kompromisse sind schmerzhaft – für jede der genannten Gruppen. Doch ohne schmerzhafte Kompromisse wird es keine Zukunft für die Orcas geben.

Es wäre eine vertane Chance. Wo kommen wir hin, wenn wir so weitermachen wie bisher und beiläufig alles ausrotten, was wir nicht verstehen? Wenn wir es nicht schaffen, etwas Raum zu geben und fortbestehen zu lassen, was wir nicht einordnen können? Was immer eine wachsende Zahl von Orcas motiviert, Ruder von Yachten zu beschädigen, ob Jagd, Spiel oder die Verteidigung ihres Lebensraums: Sie tun es, weil sie es können. Weil es nach den vorliegenden Berichten nur wenigen gelungen ist, ihnen eine Grenze zu setzen.

Vielleicht ist, was Jörn Selling, der Orca-Forscher bei FIRMM, mir bei unserem letzten Gespräch mitgab, auch ein wichtiger Teil des Prozesses: „Wir zerbröseln gerade mit einem gewaltigen Artensterben die Natur. Der Mensch ist die räuberischste und gefährlichste Spezies, die der Planet je gesehen hat. Wir Menschen sind nicht eine Weiterentwicklung des Schimpansen. Wir sind Killer-Schimpansen, wie die Orcas Killerwale sind.“

Ich bin ganz sicher, dass die iberischen Orcas uns eine Botschaft senden. Auch wenn wir sie nicht verstehen, halten sie uns mit ihrem Verhalten brühwarm den Spiegel unserer eigenen Schwächen vor. Wir sind wie Orcas, wir sind ihnen ähnlich: neugierige und spielsüchtige, sozial stark interagierende Raubtiere mit dem Drang, immer Neues auszuprobieren. Wir tun, was wir tun, weil wir es können, nur tun wir das mittlerweile auf einem ganz anderen Level als die Orcas. Wir beuten den Planeten ungezügelt aus. Wir rotten durch unser Spiel im Vorübergehen Arten aus, als hätten sie nichts mit uns zu tun. Wir fischen die Meere leer, benutzen sie als Müllkippe und leiten nicht nur das dreckige Dutzend an Chemikalien in unsere Flüsse ein, als würden die schon damit klarkommen. Doch jeder Fluss mündet ins Meer und er endet bei einem Orca.

Wir tun es, weil wir noch nicht begreifen, dass alles mit allem zusammenhängt. Dass die Erde ein einziges Ökosystem ist, in dem wir mit jedem Eingriff riskieren, einen tragenden Teil davon zu zerstören.

Wir tun es, weil unserem Verhalten niemand global eine entschlossene Grenze setzt. Wir laufen dorthin, wo der Zaun eine Lücke hat. Und wir werden damit weitermachen, solange wir nicht bei jeder Thunfischdose zuhause und jedem Thunfisch-Wrap in unserer Hand daran denken, dass sie am Ende immer mit einem Orca zu tun haben. Und eine innere Stimme uns bei jedem Klick auf eine Webseite daran erinnert, dass selbst dieser Klick auch mit einer aussterbenden Tierart vor unserer Haustür zu tun hat, weil jeder Klick im Web einige Gramm mehr CO_2 in die Welt bringt und damit das Klima verändert.

Erst wenn wir über uns hinauswachsen und das Unmögliche vollbringen zu begreifen, dass das Thunfischsteak so wenig vom Grill kommt wie der Strom aus der Steckdose, wenn uns in jedem Augenblick klar ist, wie alles mit allem zusammenhängt und jede Sekunde unseres Daseins ihren Preis hat, werden wir in der Lage sein, die Dinge wirklich zu ändern.

Wer dieses Projekt unterstützt hat.

Auf jedem Buch steht ein Autor, doch es sind viele Menschen, die daran mitarbeiten. Mein Dank gilt den Augenzeugen sowie den Forschern für ihre bereitwilligen Auskünfte und ihre Offenheit für meine Fragen. Vor allem den Naturschützern danke ich für viele Hinweise und bitte um Unterstützung ihrer Arbeit durch eine Spende unter der jeweils angegebenen Webseite.

Zoé Barlow, Kapitel 16

… für ihre kluge Beobachtung, was bei den Orcas vor sich gehen könnte.

Nicky und David Barwell, Kapitel 12

… für glasklare Worte. Auch Wut ist manchmal wertvoll.

Cornelius Büchner, Kapitel 2

… für ein lustvolles Gespräch von Verleger zu Verleger und Laune machende Hinweise auf den unentdeckten Rio Guadiana.

John Burbeck, British Cruising Association, Kapitel 17

… für mehrere intensive Telefonate über Orcas, Antifouling und die britische Innenpolitik in Post-Brexit-Zeiten.

Rui Alves, Portugal, Kapitel 17,

... der mit seiner Erfahrung beratend zur Seite stand und mir während eines unterhaltsamen Nachmittags erklärte, wie er im

Leben dazu kam, die WhatsApp-Gruppen Orca Discussions sowie *OrcasLocationPT/SPCoast* zu gründen und die App *Orcinus* zu initiieren.

Prof. Dr. Boris Culik,
Entwickler des Wal-Pal sowie des Orca-Pal, Kapitel 11
... mit Dank für einen intensiven Erfahrungsaustausch über Orcas und sein Wissen über Vergrämer-Techniken. Hier kann man sich über den Wal-Pal informieren: www.f3mt.net.

Cecilie Clegg Littler, Hirschberg/Oberbayern.
Hundetrainerin und Behavioristin, Kapitel 14, 15, 18
... für ihren klarem Blick darauf, dass der Zweibeiner es vermasselt hat, wenn der Vierbeiner sonderbares Verhalten zeigt. Hier kann man mehr über Cecilie und ihre Hunde erfahren und auch ein Foto des klugen Flynn entdecken: www.cecilieanddogs.com.

Augustin Drion, Kapitel 3
... für zwei Stunden seiner Zeit unmittelbar nach dem Untergang der SMOUSSE.

Guilherme Estrela, Albufeira/Portugal, Meeresbiologe bei AIMM –
Marine Environment Research Association, Kapitel 14, 16
... für seine bewundernswerte und vorbildliche Courage, als Walschützer über seinen Schatten zu springen und über Aggression zu sprechen. Hier kann man spenden und sich für Cetaceen-Praktika bewerben: www.aimmportugal.org.

Holger Flindt, Hamburg,
Leiter der Schadensabteilung des deutschen
Yachtversicherers PANTAENIUS, Kapitel 5
... für viele Informationen zu Orca-Schäden im deutschen Versicherungsalltag und regen Austausch über sinkende Yachten.

Katarzyna Fabularna, Kapitel 6

… mit großem Dank für ihr Vertrauen und das ihrer Crew, die Dinge erzählen zu dürfen.

Meiner Frau Katrin, Kapitel 1-20

… der strengsten Kritikerin, der ich jedes Kapitel mit Bangen zum Probelesen schicke und die mich immer wieder stark macht.

Susanne Guidera, München. Kapitel 1-20

… die es als Lektorin immer wieder schafft, ihren Autor vom Fuß des Berges über eisige Höhen bis zum Gipfel zum Weitermachen zu motivieren und das Kunststück fertigbringt, dass er nicht abstürzt, während sie nebenbei auch noch das Basislager organisiert.

Christophe Guinet, PhD, Paris. Directeur de Recherche
CNRS – *Centre National De Recherche Scientifique*, Kapitel 11, 16

… mit großem Dank für eine Zoom-Konferenz voller Überraschungen und tiefe Einblicke in das Leben der Orcas.

Daniel Haque, Kapitel 11

… für ein launiges Stück über eine launige Orca-Gegenwehr.

Katharina Heyer, Tarifa/Spanien, Gründerin von
FIRMM – Foundation For Information And Research
On Marine Mammals

… beste Tat: mich mit ihrem Mitarbeiter Jörn Selling zusammenzubringen. Bester Satz im Telefonat: „Ich muss jetzt los, Wale beobachten.“ Hier kann man spenden und whalewatching-Touren buchen: www.firmm.org.

Dipl.-Biol. Ulrich Karlowski, München,
Meeresbiologe und Stiftungsvorstand Deutsche Stiftung Meeresschutz,
Kapitel 6, 7, 8, 12, 13, 18

… für zahllose Hinweise und einen erhellenden Nachmittag über Orca-Leben und Orca-Widersprüche. Hier kann man spenden: https://www.stiftung-meeresschutz.org.

Thomas Kreuer, Kapitel 9

… für eine vollkommen neue Variante des Orca-Spiels und wertvolle Hinweise.

Chris Mackins, Kapitel 18

… zur Zeit in – Tunesien? Für eine wundervolle Orca-Story und Einblicke in ein faszinierendes, unruhiges Leben.

Dipl. Ing. Sven Mader, der in diesem Buch namenlos
gebliebene Begleiter aus vielen meiner Bücher

… mit Dank für 22-maliges In-den-Mast-Klettern in Zehenschuhen in Irland, nur unterbrochen von irischen Wanderungen und Scones mit Clotted Cream. Und dass ich im 22. Jahr immer noch von dir lerne, was Segeln ist.

Tino Mader, Nizza. Kapitel 1-20, Jung-Lektoren-Talent

… mit Dank dafür, dass er jedes meiner Worte und jeden Satz drehte und wendete, bis er mehr war als eine Aneinanderreihung von Worten.

Christina Martin, Meeresbiologin bei GTOA –
Grupo Trabajo Orca Iberica, Kapitel 6

… bittet dringend um weitere Berichte von Orca-Interaktionen, auch wenn diese in der Vergangenheit liegen.
Kontakt: www.orcaiberica.org.

Wolfgang Michalsky, Yachtgutachter, Huelva, Spanien, Kapitel 5

… für viele Einblicke in Hintergründe und seine Engelsgeduld, aus dem undurchdringlichen Dickicht spanischer Naturschützer-Statistiken halbwegs plausible Unfall- und Risikozahlen zu ermitteln.

Meiner Tante Elisabeth und ihrer Tochter Edith,
beide verstorben

… in immerwährender Dankbarkeit für vieles, darunter auch für einen Readers-Digest-Farbbildband mit dem Foto eines Orca-Kopfes zwischen Eisschollen, den sie dem 7-jährigen Rotschopf schenkten, ohne zu ahnen, was sie damit ein halbes Jahrhundert später auslösen würden. Weil alles mit allem zusammenhängt.

Prof. Dr. Elmar Nöth, Universität Erlangen, Kapitel 11, 12

… dem ich ein herrliches Gespräch darüber verdanke, dass Sprache aus der Sicht des Informatikers noch weit spannender als aus der des Autors ist.

Dipl.-Biol. Verena Platt-Till, München,
Deutsche Gesellschaft zur Rettung der Delphine, Kapitel 16

… in Bewunderung für ihre zahllosen Tauchgänge zur Bergung von „Geisternetzen“ in der Ostsee, ihre klare Meinung und ihr Wissen sowie ihre wertvollen Hinweise zum Thema Vergrämer. Hier kann man etwas für die Rettung der Delphine vor allem im Mittelmeer tun: https://www.delphinschutz.org.

Dipl.-Ing. Susanne Radlach, Skipperin, Kapitel 17

… für viele Gespräche und zuletzt die Beschreibung ihrer zweimonatigen Reise durch 245 Schleusen von Greifswald/Ostsee bis Südfrankreich auf ihrem Boot, nachzulesen unter: https://suzansailing.wordpress.com.

Frank Rathke und Martina Loch, Kapitel 1

… für meine allererste Orca-Story überhaupt, mit der nicht nur dieses Buch begann.

Dipl.-Biol. Ilka Reinhardt, LUPUS-Institut für Wolfsmonitoring
und -forschung in Deutschland, Spreewitz, Kapitel 20

… mit Dank für einen E-Mail-Wechsel zum Thema Wölfe. Ich hätte so gern noch mehr über Wölfe erfahren! Mehr über ihre Arbeit und Praktikumsmöglichkeiten unter: www.lupus-institut.de.

Dipl.-Biol. Fabian Ritter, Berlin,
Conservation Biologist und Leiter Meeresschutz bei WDC,
Whale And Dolphin Conservation, Kapitel 9, 12, 13, 16

… mit großem Dank für die unnachahmliche Art, mit der nur ein Biologe einem Germanisten und Historiker in knapp zehn Worten erklären kann, was Kultur ist. Und wie Orcas denken. Hier kann man etwas für Wale und Delphine tun und spenden: de.whales.org sowie www.m-e-e-r.de.

Brandon Sails Anyway, Kapitel 13, 14, 18

… in Dankbarkeit für Erhellendes, was ein Mensch, der mit vielen Tieren aufwuchs, dem Rest von uns voraus hat.

Franklin Seal, Portugal. Administrator der Facebook-Gruppe
Orca Attack Reporting, Kapitel 6, 15

… für einen kurzweiligen Nachmittag am Telefon im Gespräch über Orcas aus der Warte von Facebook/Social Media, einen spannenden Lebenslauf, und vor allem für Einblicke in Freud und Leid eines erfahrenen Foren-Administrators.

Dipl.-Biol. Jörn Selling, Tarifa/Spanien, Meeresbiologe bei der Stiftung
FIRMM – Foundation For Information And Research
On Marine Mammals, Kapitel 6, 7, 9, 11, 13, 15, 16, 20

… mit Dank für viele, viele Hinweise zu Toxoplasmose und

die Lebensgeschichten von Lucia und Tanit. Selten hat mir ein Mensch mit weniger Worten das Leben, Leiden und Sterben unserer Arten so klar gemacht.

Frank Schätzing

… für sein nach zwei Jahrzehnten immer noch lesenswerten Meeres-Thriller „Der Schwarm". Ebenso Stanislaw Lem für „Solaris".

Arthur Skipper, Lagos, Portugal, Kapitel 15, 18

… hat mich in einem launigen Telefonat als Erster buchstäblich auf den Hund gebracht. Und auf die Idee, dass im Verständnis von Hunden eine Lösung für das Verständnis von Orcas liegen könnte. Dank für den längeren Austausch über das Thema nach Lagos.

Dr. Renaud de Stephanis, Cadiz, Spanien. Cetaceen-Forscher sowie Gründer, Koordinator und Präsident der spanischen CIRCE – Conservación, Información y Estudio sobre Cetáceos, Kapitel 10, 12, 14, 17

… mit Dank für viele Erkenntnisse, den Kontakt zu Christophe Guinet und in Bewunderung dafür, Naturschutz als Gespräch mit Gegnern an allen Fronten zu betreiben und immer wieder zu versuchen, Brücken zu bauen.

Yara Tibirica, PhD, Cadiz, Biologin und Schneckenjägerin, Kapitel 5, 10

… die Tiere liebt, Wale schützt und trotzdem einen klaren Kopf bewahrt hat.

Theo Wakefield, Kapitel 4, 8, 13, 18

… für jede Menge Details und die ungeschminkte Darstellung seiner Erlebnisse.

Ed Young, Kapitel 18

… für sein faszinierendes Buch „Die erstaunlichen Sinne der Tiere", München 2022.

Anmerkungen

Sofern nicht anders angegeben, stammen sämtliche Zitate aus meinen Gesprächen mit den genannten Personen.

Kap 5. Unterwegs auf der „Orca-Alley“.

S. 34 „über 400 Interaktionen“, Quelle u.a. LA VOZ DE GALICIA, 21.11.2022: https://www.lavozdegalicia.es/noticia/somosmar/2022/11/21/orcas-atraen-veleros-parte-inferior-casco-negra-azul/0003_202211G21P22991.htm
S. 37: https://www.orcaiberica.org/last-interactions

Kap 6. Krankheit.

S. 52 „... dass PCB die Fortpflanzungsfähigkeit von Schwertwalen beeinflusst“, Quelle: https://www.deutschlandfunk.de/schwertwale-pcb-hat-katastrophale-folgen-fuer-meeressaeuger-100.html
S. 53 „... sind globale PCB-‚Hotspots‘ für Meeressäuger“, Quelle: https://www.nature.com/articles/srep18573.
Toxoplasmose bei Robert Koch Institut: https://www.rki.de/DE/Content/Infekt/EpidBull/Merkblaetter/Ratgeber_Toxoplasmose.html, heruntergeladen Ende Oktober 2022
S. 54 SPIEGEL, „Der Parasit, der uns zu Unternehmern macht“: https://www.spiegel.de/karriere/toxoplasmose-studie-erkrankte-gruenden-mehr-start-ups-a-d3c14962-ff07-4888-b126-fdd78c3d29fd

Kap 7. Schmerz.

S. 66 FIRMM-Studie über verletzte und verstümmelte Wale und Delphine in der Straße von Gibraltar, Quelle: Helena Herr, Patricia Burkhardt-Holm, Katharina Heyer, Ursula Siebert, Jörn Selling: Injuries, Malformations, and Epidermal Conditions in Cetaceans of the Strait of Gibraltar in: Aquatic Mammals 2020, 46(2), 215-235, DOI 10.1578/AM.46.2.2020.215.
Download über: www.firmm.org
S. 66 DIE WELT über Orca-Mutter und totes Baby vor Vancouver: https://www.welt.de/kmpkt/article181039070/Orca-Trauernde-Schwertwal-Mutter-hat-ihr-totes-Baby-gehen-lassen.html

Kap. 8. Rache.

Quelle Owen Chase: Thomas Nickerson, Owen Chase and others: The Loss of the Ship Essex, Sunk by a Whale, PENGUIN CLASSICS, 2000
S. 75 Dougal Robertson, Survive The Savage Sea, Sheridan House 2020

S. 76 Quelle SÜDDEUTSCHE ZEITUNG:
Holzhaider, Hans: Der Angriff der Killerwale, 18.12.2020,
https://www.sueddeutsche.de/wissen/killerwale-orcas-schwertwal-1.5152143

Kap. 9. Mode.

S. 82 Quelle „Alders Hutmode":
https://twitter.com/quad_finn/status/1489784629431189508.
https://threadreaderapp.com/thread/1489783728901537792.html
Erklärung für das Verhalten im Magazin STRANGER:
https://www.thestranger.com/slog/2022/02/14/66693872/and-now-the-tender-tale-of-the-orca-swimming-around-with-a-dead-fish-balanced-on-his-nose
S. 83 „Tümmler Billie": Quelle für Billie & Wave: https://www.theatlantic.com/science/archive/2018/09/dolphins-tail-walking-trend/569314/
sowie: Culture and conservation of non-humans with reference to whales and dolphins: review and new directions Hal Whitehead a,*, Luke Rendell b, Richard W. Osborne c, Bernd Wuersig in: https://www.researchgate.net/publication/222683765_Culture_and_conservation_of_non-humans_with_reference_to_whales_and_dolphins_Review_and_new_directions
S. 86 Orca zieht Anker aus dem Grund:
https://www.dailymail.co.uk/news/article-6012261/Video-shows-orca-dragging-sailboat-anchor-line.html

Kap. 10. Hunger.

S. 98 „immerhin FAO-zertifiziert und mit MSC-Siegel ausgestattet",
Quelle: Kainrath, Verena, Wie nachhaltig der Thunfisch in der Dose ist, in: DER STANDARD, 3.4.2019 https://www.derstandard.de/tory/2000100672614/wie-vertraeglich-tunfisch-in-der-dose-ist
S.99 „bis zu 10.000 Euro für makellosen Roten Thun",
Quelle: DEUTSCHE WELLE, 5.1.2013, https://www.dw.com/de/der-teuerste-fisch-der-welt-kommt-aus-japan/a-16501118
S. 101 Orcas interagieren mit marokkanischen Fischern,
Quelle: https://www.youtube.com/watch?v=emtstsomWnk&t=230s
Attacken auf Fischer Sesimbra:
https://www.cmjornal.pt/sociedade/detalhe/orcas-atacam-embarcacoes-de-pesca-em-sesimbra?fbclid=IwAR1K3jOLdKeQmzq0o0W22lSqaRw2Rw5rql03vz0ZVrhDw4LqNsAbQGP4D4Q.
https://www.sueddeutsche.de/wirtschaft/ueberfischung-in-spanien-der-kampf-um-den-roten-thunfisch-1.2590247-3

Kap. 11. Lärm.

S. 108 Quelle: https://www.fau.de/2020/10/news/wissenschaft/die-sprache-der-wale/

Kap. 13. Jagd.

S. 128 Definition Mimikry:
https://de.wikipedia.org/wiki/Mimikry heruntergeladen am 5. November 2022
S. 129 Der Mensch passt nicht ins Beuteschema:
https://www.newsweek.com/there-no-records-orca-ever-killing-humans-wild-why-1734489

Kap. 14. Aggression.

S. 143 „das alte gedruckte Lexikon in meinem Buchregal":
Brockhaus Band II, Mannheim 1995, S. 34, Encyclopedia Britannica: https://www.britannica.com/science/aggressive-behaviour#ref258599 heruntergeladen 15.11.2022

Kap. 16. Katz und Maus.

S. 167 Zitat Alfredo Lopez aus LA VOZ DE GALICIA: 21.11.2022
https://www.lavozdegalicia.es/noticia/somosmar/2022/11/21/orcas-atraen-veleros-parte-inferior-casco-negra-azul/0003_202211G21P22991.htm
Zitat Alfredo Lopez aus YACHTING MONTHLY:
Katy Stickland, Orca interactions with boats ‚expected' to stop, in: YACHTING MONTHLY vom 18.11.2022,
https://www.yachtingmonthly.com/news/orca-interactions-with-boats-expected-to-stop-91150?fbclid=IwAR3Ufqr4XbL4ikL65RGbKSDd-9-t-RMoKCoozoE6PGG5uwyR1Mm3u4Jz1aY#lams1ia9qb05d5qtxx

Kap. 18. Mit allen Sinnen.

S. 181 f.: Ed Young
S. 185 Kim Wolhuters Regeln:
https://www.youtube.com/watch?v=YCJ2JxBd_UE&feature=share
S. 187 Biografie Kim Wolhuter: www.kimwolhuter.com/about/

Impressum

Osterseenstraße 10 B, 82393 Iffeldorf
www.millemari.de

Autor: Thomas Käsbohrer
Lektorat: Susanne Guidera
Co-Lektorat: Tino Mader
Korrektur: Inken Kaiser
Layout: Susanne Guidera; Wolfgang Appun/bora-dtp
Coverdesign: Susanne Guidera, Thomas Käsbohrer
Coverabbildung Orca: © Willyam Bradberry/Shutterstock
Coverabbildung Boot: © IHORYER/Shutterstock
Schmuckelemente: © Alfmaler/Shutterstock

Paperback: ISBN 978-3-96706-062-1
eBook: ISBN 978-3-96706-064-5
Hörbuch: ISBN 978-3-96706-065-2